中国水利统计年鉴2023

 中华人民共和国水利部 编

U0294350

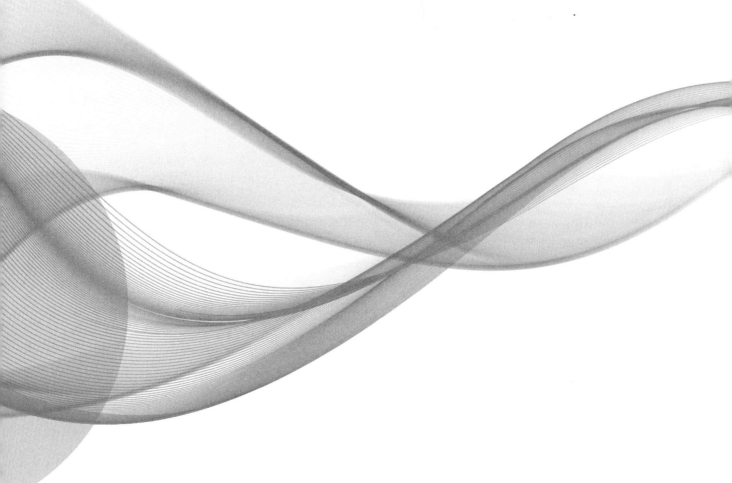

中国水利水电出版社
www.waterpub.com.cn
·北京·

图书在版编目（ＣＩＰ）数据

中国水利统计年鉴. 2023 / 中华人民共和国水利部
编. -- 北京 : 中国水利水电出版社，2023.11
ISBN 978-7-5226-1935-4

Ⅰ．①中… Ⅱ．①中… Ⅲ．①水利建设－统计资料－
中国－2023－年鉴 Ⅳ．①F426.9-54

中国国家版本馆CIP数据核字(2023)第215320号

责任编辑　李金玲　王　菲

书　　名	中国水利统计年鉴 2023 ZHONGGUO SHUILI TONGJI NIANJIAN 2023
作　　者	中华人民共和国水利部　编
出版发行	中国水利水电出版社 （北京市海淀区玉渊潭南路 1 号 D 座　　100038） 网址：www. waterpub. com. cn E - mail：sales@mwr. gov. cn 电话：(010) 68545888（营销中心）
经　　售	北京科水图书销售有限公司 电话：(010) 68545874、63202643 全国各地新华书店和相关出版物销售网点
排　　版	中国水利水电出版社微机排版中心
印　　刷	北京印匠彩色印刷有限公司
规　　格	210mm×297mm　16 开本　12 印张　508 千字
版　　次	2023 年 11 月第 1 版　2023 年 11 月第 1 次印刷
印　　数	0001—1200 册
定　　价	**168.00 元**

《中国水利统计年鉴2023》

编委会和编写人员名单

编 委 会

主　　任：陈　敏

副 主 任：吴文庆　张祥伟

委　　员：（以姓氏笔画为序）

匡尚富	邢援越	巩劲标	任骁军	刘宝军	孙　卫	李　烽
李兴学	李春明	李原园	杨卫忠	张敦强	张新玉	陈茂山
赵　卫	段敬玉	姜成山	袁其田	夏海霞	钱　峰	倪　莉
郭孟卓	曹纪文	曹淑敏	谢义彬	靳宏强		

编 写 人 员

主　　编：张祥伟

副 主 编：谢义彬　吴　强

执行编辑：汪习文　张光锦　李　淼　张　岚

编辑人员：（以姓氏笔画为序）

万玉倩	马　超	王小娜	王鹏悦	曲　鹏	刘　品	孙宇飞
李天良	李云成	李笑一	杨　波	吴泽斌	吴海兵	吴梦莹
张晓兰	张续军	张慧萌	陈文艳	罗　涛	周哲宇	房　蒙
徐安然	殷海波	高　音	郭　悦	黄藏青	蒋雨彤	韩绪博
虞　泽	廖丽莎	潘利业				

英文翻译：谷丽雅

《China Water Statistical Yearbook 2023》

Editorial Board and Editorial Staff

Editorial Board

Chairman: Chen Min

Vice-Chairman: Wu Wenqing   Zhang Xiangwei

Editorial Board: (in order of the number of strokes of the Chinese character of the surname)

Kuang Shangfu	Xing Yuanyue	Gong Jinbiao	Ren Xiaojun	Liu Baojun
Sun Wei	Li Feng	Li Xingxue	Li Chunming	Li Yuanyuan
Yang Weizhong	Zhang Dunqiang	Zhang Xinyu	Chen Maoshan	Zhao Wei
Duan Jingyu	Jiang Chengshan	Yuan Qitian	Xia Haixia	Qian Feng
Ni Li	Guo Mengzhuo	Cao Jiwen	Cao Shumin	Xie Yibin
Jin Hongqiang				

Editorial Staff

Editor-in-Chief: Zhang Xiangwei

Associate Editors-in-Chief: Xie Yibin   Wu Qiang

Directors of Editorial Department: Wang Xiwen   Zhang Guangjin   Li Miao   Zhang Lan

Editorial Staff: (in order of the number of strokes of the Chinese character of the surname)

Wan Yuqian	Ma Chao	Wang Xiaona	Wang Pengyue	Qu Peng
Liu Pin	Sun Yufei	Li Tianliang	Li Yuncheng	Li Xiaoyi
Yang Bo	Wu Zebin	Wu Haibing	Wu Mengying	Zhang Xiaolan
Zhang Xujun	Zhang Huimeng	Chen Wenyan	Luo Tao	Zhou Zheyu
Fang Meng	Xu Anran	Yin Haibo	Gao Yin	Guo Yue
Huang Zangqing	Jiang Yutong	Han Xubo	Yu Ze	Liao Lisha
Pan Liye				

English Translators: Gu Liya

编者说明

一、《中国水利统计年鉴 2023》系统收录了 2022 年全国和各省、自治区、直辖市的水资源、水利建设投资、水利工程设施等方面的统计数据，以及中华人民共和国成立以来的全国主要水利统计数据，是一部全面反映中华人民共和国水利发展情况的资料性年刊。

二、本年鉴正文内容分为 9 个篇章，即江河湖泊及水资源、江河治理、农业灌溉、供用水、水土保持、水利建设投资、农村水电、水文站网、从业人员情况。为方便读者使用，各篇章前均设有简要说明，概述本篇章的主要内容、数据来源、统计范围、统计方法以及历史变动情况。篇章末附有主要统计指标解释。

三、本年鉴的全国性统计数据，如未作特殊说明均不包括香港特别行政区、澳门特别行政区和台湾省数据。2012 年水库数量、水闸数量、机电井数量、堤防长度、灌溉面积、灌区、水土保持治理面积等主要指标数据已与 2011 年第一次全国水利普查数据衔接，2013 年节水灌溉面积数据已与 2011 年第一次全国水利普查数据衔接。

四、本年鉴在编辑上采用了以下方法。

（1）部分统计资料从 1949 年至 2022 年均被记录，但一些年份指标数据由于历史记录不详没有收录。

（2）分省统计资料均按当年各省级行政区域范围收集，行政区域范围变化后没有调整统计资料。例如：在重庆市划出前，四川省的资料包括重庆市。

（3）部分统计资料按流域或水资源一级分区分组。

（4）历史数据基本保持原貌，未作改动。

（5）部分指标未单列新疆生产建设兵团数据，其数据含在"新疆"的数据中。

五、所使用的计量单位，大部分采用国际统一法定标准计量单位，小部分沿用水利统计惯用单位。

六、部分数据合计数量由于数字位数取舍而产生的计算误差，均未作调整。

七、凡带有续表的资料，有关注释均列在第一张表的下方。

八、符号使用说明：各表中的"空格"表示该项统计指标数据不足本表最小单位数、数据不详或无该项数据；"#"表示其中主要项；"*"或数字标示（如①等）表示本表下有注解。

EDITOR'S NOTES

A. *China Water Statistical Yearbook 2023*, as an annual report that contains comprehensive information on various activities of water resources development in the People's Republic of China, has systematically collected a wide range of statistical data of water resources, investments of water project construction, and water schemes and infrastructures etc. of the whole country and of each province, autonomous region and municipality directly under the administration of Central Government in 2022. In addition, the Yearbook provides main statistical information on water resources since the founding of the People's Republic of China in 1949.

B. The Yearbook include nine chapters:

1. Rivers, lakes and water resources
2. River regulation
3. Agricultural irrigation
4. Water supply and utilization
5. Soil and water conservation
6. Investments in water project construction
7. Rural hydropower
8. Hydrological network
9. Employees

To help readers clearly understand the statistical data, a brief introduction is given before each chapter, making a briefing on main contents, data sources, statistical scope and method, and historical changes. Moreover, explanations of main statistical indices are made at the end of each chapter.

C. In the Yearbook, if no special explanation, the national statistics excludes those of Hong Kong Special Administrative Region, Macao Special Administrative Region and Taiwan Province. The number of reservoir, sluice and gate, length of embankment, irrigated area, irrigation district, electro-mechanical wells and soil and conservation area in 2012 were integrated with the data of First National Water Census in 2011. The water-saving irrigated area in 2013 was integrated with the data of First National Water Census in 2011.

D. Following methodologies are adopted when statistical data of the Yearbook is produced:

1. Some statistical data are collected from 1949 to 2022, but a number of indicative data of some year are excluded because of incomplete historical records.

2. Statistical data of each province is collected according to the administrative division of that year, and no adjustment is made after the changes of division of administrative scope. For example, the data of Chongqing should be covered by Sichuan Province before Chongqing became the municipality directly under the central government.

3. Some statistical data are grouped based on river basins or Grade-I water resources regions.

4. Historical data are kept unchanged.

5. Statistical data of Xinjiang cover that of the Xinjiang Production and Construction Corps.

E. Metric System is commonly applied for most of the data in the Yearbook as the unit of measurements, but in a few circumstances, units that widely used locally are adopted.

F. No automatic adjustment is made for calculation error of some total figures herein as a result of the dropping of a certain digit.

G. Where statistical data has continued table, the relevant annotations is listed at the bottom of the first table.

H. Notes on symbol-use: the space in tables of the Yearbook means that index data are less than the required minimum, or not quite clear or not available; # represents the main item; * or ① means that there are annotations at the bottom of the table.

目　录

CONTENTS

2　江河治理
River Regulation

3 农业灌溉
Agricultural Irrigation

4 供用水
Water Supply and Utilization

5　水土保持
Soil and Water Conservation

6　水利建设投资
Investments in Water Project Construction

7　农村水电
Rural Hydropower

8　水文站网
Hydrological Network

9　从业人员情况
Employees

1 江河湖泊及水资源

Rivers，Lakes and Water Resources

简 要 说 明

江河湖泊及水资源统计资料包括主要江河、湖泊、自然资源与水资源的状况，降水量、水资源量、水旱灾害及水质等。

1. 自然状况包括国土、气候等资料，国土和气候资料来源于《中国统计年鉴 2011》和《中国统计年鉴 2012》。

2. 降水量资料、水资源资料按照地区和水资源一级分区整理。

3. 主要河流、内陆水域、湖泊资料按照主要河流水系整理。

4. 河流水质、湖泊水质资料按水资源一级分区整理。

5. 主要江河年径流量为 50 年平均值。

Brief Introduction

Statistical data of rivers, lakes and water resources provides information on main rivers and lakes, conditions of natural resources and water resources, precipitation, availability of water resources, flood or drought disasters, water quality, etc.

1. Natural resources conditions cover the data of national land and climate that are sourced from *China Statistical Yearbook 2011* and *China Statistical Yearbook 2012*.

2. Precipitation data and data of availability of water resources is sorted according to regions and Grade-I water resources regions.

3. Data of main rivers, inland water bodies and lakes is classified according to main watersheds.

4. Data of water quality in rivers and water quality in lakes is classified according to Grade-I water resources regions.

5. Mean annual runoff of main rivers refers to the average annual value of past 50 years.

1-1　河　流　数　量　与　长　度

Number and Length of Rivers

地　区	Region	流域面积 50km² 及以上河流 Drainage Area up to 50 km² and above		流域面积 100km² 及以上河流 Drainage Area up to 100 km² and above		流域面积 1000km² 及以上河流 Drainage Area up to 1,000 km² and above		流域面积 10000km² 及以上河流 Drainage Area up to 10,000 km² and above	
		数量/条 Number/unit	长度/千米 Length/km	数量/条 Number/unit	长度/千米 Length/km	数量/条 Number/unit	长度/千米 Length/km	数量/条 Number/unit	长度/千米 Length/km
合　计	**Total**	**45203**	**1508490**	**22909**	**1114630**	**2221**	**386584**	**228**	**132553**
北　京	Beijing	127	3731	71	2845	11	1035	2	417
天　津	Tianjin	192	3913	40	1714	3	265	1	102
河　北	Hebei	1386	40947	550	26719	49	6573	10	2575
山　西	Shanxi	902	29337	451	21219	53	7606	7	3000
内蒙古	Inner Mongolia	4087	144785	2408	113572	296	42621	40	14735
辽　宁	Liaoning	845	28459	459	21587	48	7585	10	2869
吉　林	Jilin	912	32765	497	25386	64	9963	18	5102
黑龙江	Heilongjiang	2881	92176	1303	65482	119	23959	21	10294
上　海	Shanghai	133	2694	19	758	2	83	2	83
江　苏	Jiangsu	1495	31197	714	19552	15	1649	4	672
浙　江	Zhejiang	865	22474	490	16375	26	3927	3	975
安　徽	Anhui	901	29401	481	21980	66	7937	8	1641
福　建	Fujian	740	24629	389	18051	41	5697	5	1719
江　西	Jiangxi	967	34382	490	25219	51	8199	8	2474
山　东	Shandong	1049	32496	553	23662	39	4896	4	1120
河　南	Henan	1030	36965	560	27910	64	10161	11	3347
湖　北	Hubei	1232	40010	623	28949	61	9182	10	3232
湖　南	Hunan	1301	46011	660	33589	66	10441	9	3957
广　东	Guangdong	1211	36559	614	25851	60	7668	6	1635
广　西	Guangxi	1350	47687	678	35182	80	13011	7	4062
海　南	Hainan	197	6260	95	4397	8	1199		
重　庆	Chongqing	510	16877	274	12727	42	4869	7	1441
四　川	Sichuan	2816	95422	1396	70465	150	26948	20	10649
贵　州	Guizhou	1059	33829	547	25386	71	10261	10	3176
云　南	Yunnan	2095	66856	1002	48359	118	20245	17	7388
西　藏	Xizang	6418	177347	3361	131612	331	43073	28	12042
陕　西	Shaanxi	1097	38469	601	29342	72	10443	12	4134
甘　肃	Gansu	1590	55773	841	41932	132	17434	21	6587
青　海	Qinghai	3518	114060	1791	81966	200	28073	27	9888
宁　夏	Ningxia	406	10120	165	6482	22	2226	5	926
新　疆	Xinjiang	3484	138961	1994	112338	257	44219	29	16479

注　1. 本表数据来源于2011年第一次全国水利普查成果。

　　2. 由于同一河流流经不同省（自治区、直辖市）时重复统计，故31个省（自治区、直辖市）河流数量、河流长度加总大于同标准河流数量、河流长度的合计数。本表合计数为剔重后的数据，《中国水利统计年鉴2017—2020》中的合计数未剔重。

Notes　1. The data used in this table are sourced from the First National Water Census in 2011.

　　2. The total number of rivers in 31 provinces (autonomous regions and municipalities) in the Yearbook is larger than that of the actual rivers because of repetitive calculation of same rivers that flow across more than one province (autonomous regions and municipalities), and the total length of rivers is also larger than that of the actual rivers. The total doesn't include duplication data in this table. The total includes duplication data in *China Water Statistical Yearbook 2017-2020*.

1-2　中国十大河流基本情况
General Conditions of Ten Major Rivers

河流	River	河流长度 /千米 Length of River /km	流域面积 /平方千米 Drainage Area /km²	2020 年水面面积 /平方千米 Water Surface Area in 2020 /km²	流经省 （自治区、直辖市） Provinces Flow Through	年径流深 /毫米 Depth of Annual Runoff /mm
长　江	Yangtze River	6296	1796000	9687	青海、西藏、四川、云南、 重庆、湖北、湖南、江西、 安徽、江苏、上海	551.1
黑龙江	Heilong River	1905	888711	2701	黑龙江	142.6
黄　河	Yellow River	5687	813122	4249	青海、四川、甘肃、宁夏、 内蒙古、陕西、山西、河南、 山东	74.7
珠　江 (流域)	Pearl River （Basin）	2320	452000	976	云南、贵州、广西、广东、 湖南、江西	
塔里木河	Talimu River	2727	365902	935	新疆	72.2
雅鲁藏布江	Yarlung Zangbo River	2296	345953	9831	西藏	951.6
海　河 (流域)	Haihe River （Basin）	73(干流)	320600	237	天津、北京、河北、山西、 山东、河南、内蒙古、辽宁	
辽　河	Liaohe River	1383	191946	339	内蒙古、河北、吉林、辽宁	45.2
淮　河	Huaihe River	1018	190982	422	河南、湖北、安徽、江苏	236.9
澜沧江	Lancang River	2194	164778	354	青海、西藏、云南	445.6

注　1. 本表数据来源于《中国河湖年鉴 2021》。
　　2. 黄河流域面积包含内流区 42269 平方千米。

Notes　1. The data are sourced from *China River and Lake Yearbook 2021*.
　　2. The Yellow River drainage area includes the endorheic basin of 42,269 km².

1-3 全国主要湖泊
Key Lakes in China

湖 名 Lake	主 要 所 在 地 Main Location	湖泊面积 /平方千米 Area /km²	湖水贮量 /亿立方米 Storage /10⁸m³
青海湖 Qinghai Lake	青海 Qinghai	4200	742
鄱阳湖 Poyang Lake	江西 Jiangxi	3960	259
洞庭湖 Dongting Lake	湖南 Hunan	2740	178
太湖 Taihu Lake	江苏 Jiangsu	2338	44
呼伦湖 Hulun Lake	内蒙古 Inner Mongolia	2000	111
纳木错 Namtso Lake	西藏 Xizang	1961	768
洪泽湖 Hongze Lake	江苏 Jiangsu	1851	24
色林错 Selincuo Lake	西藏 Xizang	1628	492
南四湖 Nansi Lake	山东 Shandong	1225	19
扎日南木错 Zharinanmucuo Lake	西藏 Xizang	996	60
博斯腾湖 Bosten Lake	新疆 Xinjiang	960	77
当惹雍错 Dangreyongcuo Lake	西藏 Xizang	835	209
巢湖 Chaohu Lake	安徽 Anhui	753	18
布伦托海 Buluntuohai Lake	新疆 Xinjiang	730	59
高邮湖 Gaoyou Lake	江苏 Jiangsu	650	9
羊卓雍错 Yangzhuoyongcuo Lake	西藏 Xizang	638	146
鄂陵湖 Eling Lake	青海 Qinghai	610	108
哈拉湖 Hala Lake	青海 Qinghai	538	161
阿牙克库木湖 Ayakekumu Lake	新疆 Xinjiang	570	55
扎陵湖 Gyaring Lake	青海 Qinghai	526	47
艾比湖 Aibi Lake	新疆 Xinjiang	522	9
昂拉仁错 Anglarencuo Lake	西藏 Xizang	513	102
塔若错 Taruocuo Lake	西藏 Xizang	487	97
格仁错 Gerencuo Lake	西藏 Xizang	476	71
赛里木湖 Sayram Lake	新疆 Xinjiang	454	210
松花湖 Songhua Lake	吉林 Jilin	425	108
班公错 Bangongcuo Lake	西藏 Xizang	412	74
玛旁雍错 Manasarovar Lake	西藏 Xizang	412	202
洪湖 Honghu Lake	湖北 Hubei	402	8
阿次克湖 Acike Lake	新疆 Xinjiang	345	34
滇池 Dianchi Lake	云南 Yunnan	298	12
拉昂错 Laangcuo Lake	西藏 Xizang	268	40
梁子湖 Liangzi Lake	湖北 Hubei	256	7
洱海 Erhai Lake	云南 Yunnan	253	26
龙感湖 Longgan Lake	安徽 Anhui	243	4
骆马湖 Luoma Lake	江苏 Jiangsu	235	3
达里诺尔 Dalinuoer Lake	内蒙古 Inner Mongolia	210	22
抚仙湖 Fuxian Lake	云南 Yunnan	211	19
泊湖 Pohu Lake	安徽 Anhui	209	3
石臼湖 Shijiu Lake	江苏 Jiangsu	208	4
月亮泡 Yueliangpao Lake	吉林 Jilin	206	5
岱海 Daihai Lake	内蒙古 Inner Mongolia	140	13
波特港湖 Botegang Lake	新疆 Xinjiang	160	13
镜泊湖 Jingpo Lake	黑龙江 Heilongjiang	95	16

注　本表数据来源于《四十年水利建设成就——水利统计资料（1949—1988）》。
Note　The data in this table are sourced from *Achievements of Water Construction in 40 Years—Water Statistical Data (1949-1988)*.

1-3 续表 continued

湖　名 Lake	所　在　流　域 River Basin		水　型 Lake Type
	内陆湖区 Inland Lake Region	外流湖区 Out-flowing Lake Region	
青海湖　Qinghai Lake	柴达木区　Qaidam		咸水湖 Saltwater Lake
鄱阳湖　Poyang Lake		长江流域 Yangtze River Basin	淡水湖 Freshwater Lake
洞庭湖　Dongting Lake		长江流域 Yangtze River Basin	淡水湖 Freshwater Lake
太湖　Taihu Lake		长江流域 Yangtze River Basin	淡水湖 Freshwater Lake
呼伦湖　Hulun Lake	内蒙古区　Inner Mongolia		咸水湖 Saltwater Lake
纳木错　Namtso Lake	藏北区　North Xizang		咸水湖 Saltwater Lake
洪泽湖　Hongze Lake		淮河流域 Huaihe River Basin	淡水湖 Freshwater Lake
色林错　Selincuo Lake	藏北区　North Xizang		咸水湖 Saltwater Lake
南四湖　Nansi Lake		淮河流域 Huaihe River Basin	淡水湖 Freshwater Lake
扎日南木错　Zharinanmucuo Lake	藏北区　North Xizang		咸水湖 Saltwater Lake
博斯腾湖　Bosten Lake	甘新区　Gansu-Xinjiang Region		咸水湖 Saltwater Lake
当惹雍错　Dangreyongcuo Lake	藏北区　North Xizang		咸水湖 Saltwater Lake
巢湖　Chaohu Lake		长江流域 Yangtze River Basin	淡水湖 Freshwater Lake
布伦托海　Buluntuohai Lake	甘新区　Gansu-Xinjiang Region		咸水湖 Saltwater Lake
高邮湖　Gaoyou Lake		淮河流域 Huaihe River Basin	淡水湖 Freshwater Lake
羊卓雍错　Yangzhuoyongcuo Lake	藏北区　North Xizang		咸水湖 Saltwater Lake
鄂陵湖　Eling Lake		黄河流域 Yellow River Basin	淡水湖 Freshwater Lake
哈拉湖　Hala Lake	柴达木区　Qaidam		咸水湖 Saltwater Lake
阿牙克库木湖　Ayakekumu Lake	藏北区　North Xizang		咸水湖 Saltwater Lake
扎陵湖　Gyaring Lake		黄河流域 Yellow River Basin	淡水湖 Freshwater Lake
艾比湖　Aibi Lake	甘新区　Gansu-Xinjiang Region		咸水湖 Saltwater Lake
昂拉仁错　Anglarencuo Lake	藏北区　North Xizang		咸水湖 Saltwater Lake
塔若错　Taruocuo Lake	藏北区　North Xizang		咸水湖 Saltwater Lake
格仁错　Gerencuo Lake	藏北区　North Xizang		淡水湖 Freshwater Lake
赛里木湖　Sayram Lake	甘新区　Gansu-Xinjiang Region		咸水湖 Saltwater Lake
松花湖　Songhua Lake		黑龙江流域 Heilong River Basin	淡水湖 Freshwater Lake
班公错　Bangongcuo Lake	藏北区　North Xizang		东淡西咸 Freshwater in the East and Saltwater in the West
玛旁雍错　Manasarovar Lake	藏南区　South Xizang		淡水湖 Freshwater Lake
洪湖　Honghu Lake		长江流域 Yangtze River Basin	淡水湖 Freshwater Lake
阿次克湖　Acike Lake	藏北区　North Xizang		咸水湖 Saltwater Lake
滇池　Dianchi Lake		长江流域 Yangtze River Basin	淡水湖 Freshwater Lake
拉昂错　Laangcuo Lake	藏南区　South Xizang		淡水湖 Freshwater Lake
梁子湖　Liangzi Lake		长江流域 Yangtze River Basin	淡水湖 Freshwater Lake
洱海　Erhai Lake		西南诸河 Southwest Region	淡水湖 Freshwater Lake
龙感湖　Longgan Lake		长江流域 Yangtze River Basin	淡水湖 Freshwater Lake
骆马湖　Luoma Lake		淮河流域 Huaihe River Basin	淡水湖 Freshwater Lake
达里诺尔　Dalinuoer Lake	内蒙古区　Inner Mongolia		咸水湖 Saltwater Lake
抚仙湖　Fuxian Lake		珠江流域 Pearl River Basin	淡水湖 Freshwater Lake
泊湖　Pohu Lake		长江流域 Yangtze River Basin	淡水湖 Freshwater Lake
石臼湖　Shijiu Lake		长江流域 Yangtze River Basin	淡水湖 Freshwater Lake
月亮泡　Yueliangpao Lake		黑龙江流域 Heilong River Basin	淡水湖 Freshwater Lake
岱海　Daihai Lake	内蒙古区　Inner Mongolia		咸水湖 Saltwater Lake
波特港湖　Botegang Lake	甘新区　Gansu-Xinjiang Region		淡水湖 Freshwater Lake
镜泊湖　Jingpo Lake		黑龙江流域 Heilong River Basin	淡水湖 Freshwater Lake

1-4　各地区湖泊个数和面积

Number and Area of Lakes by Region

地区	Region	湖泊数量 /个 Number of Lakes /unit	淡水湖 Freshwater Lake	咸水湖 Saltwater Lake	盐湖 Salt Lake	其他 Others	湖泊面积 /平方千米 Lake Area /km²	淡水湖 Freshwater Lake	咸水湖 Saltwater Lake	盐湖 Salt Lake	其他 Others
合　计	Total	2865	1594	945	166	160	78007.1	35149.9	39205.0	2003.7	1648.6
北　京	Beijing	1	1				1.3	1.3			
天　津	Tianjin	1	1				5.1	5.1			
河　北	Hebei	23	6	13	4		364.8	268.5	90.7	5.6	
山　西	Shanxi	6	4	2			80.7	18.8	61.9		
内蒙古	Inner Mongolia	428	86	268	73	1	3915.8	571.6	3101.4	240.0	2.8
辽　宁	Liaoning	2	2				44.7	44.7			
吉　林	Jilin	152	27	39	67	19	1055.2	165.6	486.4	338.9	64.3
黑龙江	Heilongjiang	253	241	12			3036.9	2890.8	146.1		
上　海	Shanghai	14	14				68.1	68.1			
江　苏	Jiangsu	99	99				5887.3	5887.3			
浙　江	Zhejiang	57	57				99.2	99.2			
安　徽	Anhui	128	128				3505.0	3505.0			
福　建	Fujian	1	1				1.5	1.5			
江　西	Jiangxi	86	86				3802.2	3802.2			
山　东	Shandong	8	7	1			1051.7	1047.7	4.0		
河　南	Henan	6	6				17.2	17.2			
湖　北	Hubei	224	224				2569.2	2569.2			
湖　南	Hunan	156	156				3370.7	3370.7			
广　东	Guangdong	7	6	1			18.7	17.5	1.2		
广　西	Guangxi	1	1				1.1	1.1			
海　南	Hainan										
重　庆	Chongqing										
四　川	Sichuan	29	29				114.5	114.5			
贵　州	Guizhou	1	1				22.9	22.9			
云　南	Yunnan	29	29				1115.9	1115.9			
西　藏	Xizang	808	251	434	14	109	28868.0	4341.5	22338.3	1234.7	953.5
陕　西	Shaanxi	5		5			41.1		41.1		
甘　肃	Gansu	7	3	3	1		100.6	22.0	13.6	65.0	
青　海	Qinghai	242	104	125	8	5	12826.5	2516.0	10193.8	103.7	13.0
宁　夏	Ningxia	15	11	4			101.3	57.1	44.3		
新　疆	Xinjiang	116	44	44	2	26	5919.8	2606.8	2682.2	15.8	615.1

注　1. 面积大于或等于 1 平方千米。

　　2. 有 40 个跨省湖泊在分省数据中有重复统计。

　　3. 本表数据来源于 2011 年第一次全国水利普查。

Notes　1. The lake area is larger or equal to 1 km².

　　　2. In the data by regions, 40 trans-provincial lakes are calculated repetitively.

　　　3. The data in this table are sourced from the First National Water Census in 2011.

1-5 2022年各地区降水量与2021年和常年值比较

Comparison of Precipitation in 2022 with 2021 and Normal Year by Region

地区	Region	降水量 /毫米 Precipitation /mm	与2021年比较增减 /% Increase or Decrease Comparing to 2021 /%	与常年值比较增减 /% Increase or Decrease Comparing to Normal Year /%
合 计	**Total**	**631.5**	**-8.7**	**-2.0**
北 京	Beijing	482.1	-47.8	-15.3
天 津	Tianjin	584.7	-40.6	3.1
河 北	Hebei	508.1	-35.7	-2.4
山 西	Shanxi	592.5	-19.2	16.0
内蒙古	Inner Mongolia	271.8	-20.9	-1.0
辽 宁	Liaoning	914.6	-2.0	35.7
吉 林	Jilin	820.7	15.5	34.9
黑龙江	Heilongjiang	578.8	-10.6	8.8
上 海	Shanghai	1072.8	-27.2	-4.4
江 苏	Jiangsu	813.3	-31.7	-19.2
浙 江	Zhejiang	1567.0	-21.4	-3.4
安 徽	Anhui	979.8	-24.1	-16.8
福 建	Fujian	1712.4	15.9	0.9
江 西	Jiangxi	1599.3	0.7	-2.8
山 东	Shandong	878.0	-10.4	30.5
河 南	Henan	621.7	-44.9	-19.1
湖 北	Hubei	987.2	-22.2	-15.2
湖 南	Hunan	1305.3	-12.4	-10.2
广 东	Guangdong	2114.3	48.8	18.3
广 西	Guangxi	1696.7	22.7	9.8
海 南	Hainan	2068.6	10.0	13.8
重 庆	Chongqing	945.2	-32.7	-19.4
四 川	Sichuan	842.7	-16.1	-12.4
贵 州	Guizhou	1016.6	-17.2	-12.3
云 南	Yunnan	1173.8	4.4	-7.0
西 藏	Xizang	538.7	-6.9	-7.5
陕 西	Shaanxi	671.1	-29.7	2.2
甘 肃	Gansu	253.6	-12.1	-9.1
青 海	Qinghai	341.1	-4.3	7.8
宁 夏	Ningxia	253.7	-7.3	-12.2
新 疆	Xinjiang	141.3	-12.6	-10.4

1-6　2022 年各水资源一级区降水量与 2021 年和常年值比较

Comparison of Precipitation in 2022 with 2021 and
Normal Year in Grade-I Water Resources Regions

水资源 一级区	Grade-I Water Resources Regions	降水量 /毫米 Precipitation /mm	与 2021 年比较增减 /% Increase or Decrease Comparing to 2021 /%	与常年值比较增减 /% Increase or Decrease Comparing to Normal Year /%
全　国	**Total**	**631.5**	**−8.7**	**−2.0**
松花江区	Songhua River	560.0	−11.6	11.7
辽河区	Liaohe River	688.0	−5.2	28.9
海河区	Haihe River	554.4	−33.9	5.2
黄河区	Yellow River	465.8	−16.1	3.0
淮河区	Huaihe River	783.1	−26.1	−6.6
长江区	Yangtze River	969.6	−15.9	−10.3
其中：太湖流域	Among Which: Taihu Lake	1098.8	−22.6	−8.9
东南诸河区	Southeast Rivers	1649.8	−5.6	−1.9
珠江区	Pearl River	1729.3	26.1	11.1
西南诸河区	Southwest Rivers	994.2	−4.0	−8.9
西北诸河区	Northwest Rivers	154.5	−10.4	−6.4

1-7 2022 年主要城市降水量

Monthly Precipitation of Major Cities in 2022

单位：毫米   unit: mm

城 市	City	1月 Jan.	2月 Feb.	3月 Mar.	4月 Apr.	5月 May	6月 June	7月 July	8月 Aug.	9月 Sept.	10月 Oct.	11月 Nov.	12月 Dec.	全年 Total of the Year
北京	Beijing	2.8	3.0	12.1	13.4	11.2	91.5	298.4	108.7	4.2	6.7	33.4		585.4
天津	Tianjin	5.5	3.6	17.1	4.9	15.8	120.0	183.9	201.8	1.4	26.8	37.4		618.2
石家庄	Shijiazhuang	4.5	0.9	0.8	10.7	27.5	39.8	153.3	127.9	6.1	57.0	17.5		446.0
太原	Taiyuan	6.9		2.7	11.6	35.2	52.9	202.2	78.4	37.9	44.3	30.2		502.3
呼和浩特	Hohhot	1.8	2.0	14.2	5.1	4.7	31.3	37.2	116.8	12.3	18.3	10.3		254.0
沈阳	Shenyang	0.7	6.4	29.7	6.0	57.4	184.1	369.4	122.3	123.8	66.8	69.3	3.8	1039.7
大连	Dalian	4.7	1.6	70.8	7.4	29.1	143.3	96.7	204.1	286.1	71.3	71.7	20.3	1007.1
长春	Changchun	0.7	2.8	28.9	17.6	49.8	151.8	215.2	116.0	21.2	82.8	36.9	8.8	732.5
哈尔滨	Harbin	4.1	5.9	14.1	28.7	65.0	127.8	64.2	182.7	4.7	42.5	4.6	8.6	552.9
上海	Shanghai	73.6	40.4	124.4	155.0	41.4	109.7	123.9	48.5	157.8	25.3	113.7	30.4	1044.1
南京	Nanjing	79.8	39.4	137.6	129.0	9.8	195.9	47.5	12.0	24.9	50.7	82.0	11.2	819.8
杭州	Hangzhou	143.1	152.0	230.7	121.7	110.1	190.6	115.0	148.8	111.4	34.5	84.4	58.3	1500.6
合肥	Hefei	79.3	34.0	172.7	65.1	5.7	99.2	135.7	6.6	0.2	107.2	89.6	10.3	805.6
福州	Fuzhou	33.8	120.8	125.6	93.9	278.5	321.9	95.4	75.1	5.3	10.9	99.6	57.9	1318.7
南昌	Nanchang	101.3	146.1	149.7	294.0	156.9	454.8	32.4	0.1		6.1	190.9	26.8	1559.1
济南	Ji'nan	5.6	0.3	46.1	21.3	11.7	113.2	294.8	175.5	2.7	204.0	31.6		906.8
青岛	Qingdao	5.0	0.2	20.9	1.8	3.5	349.5	308.2	302.7	222.9	80.7	36.5	0.1	1332.0
郑州	Zhengzhou	29.5	0.3	14.4	8.5	6.7	22.8	242.4	70.0	9.6	47.7	17.2	1.5	470.6
武汉	Wuhan	96.4	34.7	225.8	229.5	39.0	261.6	228.1	39.5	0.1	34.6	57.1	4.3	1250.7
长沙	Changsha	180.6	113.5	173.1	155.8	232.5	145.9	205.0	6.3		20.9	82.3	22.3	1338.2
广州	Guangzhou	28.9	192.6	179.5	191.3	356.1	385.1	206.7	213.9	40.7	24.0	126.3	14.7	1959.8
南宁	Nanning	70.3	160.2	64.4	97.5	201.5	142.7	115.7	92.8	55.5	27.6	74.7	3.0	1105.9
桂林	Guilin	125.4	128.5	105.8	315.4	410.2	833.6	102.1	49.5	2.3	2.9	78.0	14.3	2168.0
海口	Haikou	24.9	141.7	8.5	77.6	279.1	198.4	228.5	293.8	264.0	308.9	157.8	37.7	2020.9
重庆（沙坪坝）	Chongqing (Shapingba)	17.5	23.6	108.1	112.0	212.7	295.7	105.4	13.9	108.8	31.6	15.7	37.4	1082.4
成都（温江）	Chengdu (Wenjiang)	5.6	32.2	24.7	123.8	129.2	89.4	150.1	265.0	98.2	45.5	16.1	3.3	983.1
贵阳	Guiyang	52.2	33.5	55.5	163.0	198.4	226.5	181.6	26.1	56.4	40.8	8.3	14.2	1056.5
昆明	Kunming	27.5	12.5	31.7	30.9	105.7	152.8	100.1	265.8	268.4	19.4	4.0	14.4	1033.2
拉萨	Lhasa		2.8		1.9	48.7	52.1	18.3	63.6	82.4	3.6	0.1		273.5
西安（泾河）	Xi'an (Jinghe)	15.3	5.2	25.0	24.7	37.4	36.3	217.3	66.8	39.6	81.8	15.3	7.1	571.8
兰州（皋兰）	Lanzhou (Gaolan)		3.1		6.2	6.5	28.1	88.3	47.4	6.6	8.5	0.4		195.1
西宁	Xining	1.1	4.3		37.2	10.0	49.2	90.1	246.6	54.8	18.9	2.3	0.9	515.4
银川	Yinchuan		2.9	0.1	3.1	5.5	70.4	89.6	60.1	17.8	5.6	4.8		259.9
乌鲁木齐	Urumqi	0.7	9.1	38.2	14.1	12.4	22.2	9.2	12.0	6.8	13.4	49.4	17.1	204.6

注　本表数据来源于《中国统计年鉴 2023》。

Source: *China Statistical Yearbook 2023.*

1-8 历年水资源量
Water Resources by Year

年份 Year	水资源总量 /亿立方米 Total Quantity of Water Resources /10⁸m³	地表水资源量 /亿立方米 Surface Water Resources /10⁸m³	地下水资源量 /亿立方米 Groundwater Resources /10⁸m³	地下水与地表 水资源重复量 /亿立方米 Duplicated Amount of Surface Water and Groundwater /10⁸m³	降水总量 /亿立方米 Total Precipitation /10⁸m³	人均水资源量 /立方米每人 Per Capita Water Resources /(m³/person)
1999	28196	27204	8387	7395	59702	2219
2000	27701	26562	8502	7363	60092	2194
2001	26868	25933	8390	7456	58122	2112
2002	28261	27243	8697	7679	62610	2207
2003	27460	26251	8299	7090	60416	2131
2004	24130	23126	7436	6433	56876	1856
2005	28053	26982	8091	7020	61010	2152
2006	25330	24358	7643	6671	57840	1932
2007	25255	24242	7617	6604	57763	1916
2008	27434	26377	8122	7065	62000	2071
2009	24180	23125	7267	6212	55966	1812
2010	30906	29798	8417	7308	65850	2310
2011	23257	22214	7215	6171	55133	1726
2012	29529	28373	8296	7141	65150	2186
2013	27958	26840	8081	6963	62674	2060
2014	27267	26264	7745	6742		1999
2015	27963	26901	7797	6735	62569	2039
2016	32466	31274	8855	7662	68672	2355
2017	28761	27746	8310	7295	62936	2086
2018	27463	26323	8247	7107	64618	1972
2019	29041	27993	8192	7144	61660	2078
2020	31605	30407	8554	7355	66899	2240
2021	29638	28311	8196	6868	65426	2099
2022	27088	25984	7924	6821	59736	1918

注　人均水资源量按照当地水资源总量除以年平均人口计算，不包括入省境水量和入省际界河水量。

Note　The per capita resources are calculated by dividing the total amount of local water resources by the annual average population excluding the amount of water entering the provincial and the amount of river water entering the provincial boundary.

1-9　2022 年水资源量（按地区分）
Water Resources in 2022 (by Region)

地区	Region	水资源总量 /亿立方米 Total Quantity of Water Resources /10^8m^3	地表水资源量 /亿立方米 Surface Water Resources /10^8m^3	地下水资源量 /亿立方米 Groundwater Resources /10^8m^3	地下水与地表 水资源重复量 /亿立方米 Duplicated Amount of Surface Water and Groundwater /10^8m^3	降水量 /毫米 Annual Precipitation /mm	人均水资源量 /立方米每人 Per Capita Water Resources /(m^3/person)
全　国	Total	**27088.1**	**25984.4**	**7924.4**	**6820.7**	**631.5**	**1918**
北　京	Beijing	23.7	7.4	26.8	10.5	482.1	109
天　津	Tianjin	16.6	11.0	6.8	1.2	584.7	122
河　北	Hebei	188.0	88.5	152.8	53.3	508.1	253
山　西	Shanxi	153.5	108.2	112.6	67.3	592.5	441
内蒙古	Inner Mongolia	509.2	365.9	223.1	79.8	271.8	2121
辽　宁	Liaoning	561.7	513.8	154.3	106.4	914.6	1333
吉　林	Jilin	705.1	625.2	192.6	112.7	820.7	2986
黑龙江	Heilongjiang	918.5	771.4	307.1	160.0	578.8	2951
上　海	Shanghai	33.1	27.6	8.4	2.9	1072.8	133
江　苏	Jiangsu	192.8	142.5	102.7	52.4	813.3	227
浙　江	Zhejiang	934.3	918.0	208.3	192.0	1567.0	1425
安　徽	Anhui	545.2	476.7	159.0	90.5	979.8	891
福　建	Fujian	1174.7	1173.1	303.7	302.1	1712.4	2805
江　西	Jiangxi	1556.2	1533.6	363.7	341.1	1599.3	3441
山　东	Shandong	508.9	391.1	225.4	107.6	878.0	501
河　南	Henan	249.4	172.2	140.4	63.2	621.7	252
湖　北	Hubei	714.2	690.1	258.1	234.0	987.2	1224
湖　南	Hunan	1683.8	1677.2	416.2	409.6	1305.3	2546
广　东	Guangdong	2223.6	2213.3	546.2	535.9	2114.3	1755
广　西	Guangxi	2208.5	2207.6	436.9	436.0	1696.7	4380
海　南	Hainan	363.8	356.1	100.3	92.6	2068.6	3555
重　庆	Chongqing	373.5	373.5	82.6	82.6	945.2	1162
四　川	Sichuan	2209.2	2207.8	547.2	545.8	842.7	2638
贵　州	Guizhou	912.4	912.4	246.5	246.5	1016.6	2367
云　南	Yunnan	1742.8	1742.8	602.6	602.6	1173.8	3715
西　藏	Xizang	4139.7	4139.7	928.1	928.1	538.7	113416
陕　西	Shaanxi	365.8	330.6	139.9	104.7	671.1	925
甘　肃	Gansu	231.0	221.6	112.7	103.3	253.6	927
青　海	Qinghai	725.7	707.5	319.8	301.6	341.1	12208
宁　夏	Ningxia	8.9	7.1	15.3	13.5	253.7	123
新　疆	Xinjiang	914.1	871.0	484.3	441.2	141.3	3532

注　人均水资源量按照当地水资源总量除以年平均人口计算，不包括入省境水量和入省际界河水量。

Note　The per capita resources are calculated by dividing the total amount of local water resources by the annual average population excluding the amount of water entering the provincial and the amount of river water entering the provincial boundary.

1-10　2022 年水资源量（按水资源一级区分）

Water Resources in 2022 (by Grade-I Water Resources Regions)

水资源 一级区	Grade-I Water Resources Regions	水资源总量 /亿立方米 Total Quantity of Water Resources /10⁸m³	地表水资源量 /亿立方米 Surface Water Resources /10⁸m³	地下水资源量 /亿立方米 Groundwater Resources /10⁸m³	地下水与地表水 资源重复量 /亿立方米 Duplicated Amount of Surface Water and Groundwater /10⁸m³	降水量 /毫米 Annual Precipitation /mm
全　国	**Total**	**27088.1**	**25984.4**	**7924.4**	**6820.7**	**631.5**
松花江区	Songhua River	1807.6	1565.6	550.4	308.4	560.0
辽河区	Liaohe River	798.4	690.3	240.5	132.4	688.0
海河区	Haihe River	383.5	202.6	283.5	102.6	554.4
黄河区	Yellow River	700.7	577.6	391.3	268.2	465.8
淮河区	Huaihe River	831.8	614.6	400.4	183.2	783.1
长江区	Yangtze River	8590.5	8485.6	2310.2	2205.3	969.6
其中：太湖流域	Among Which: Taihu Lake	157.1	141.6	42.0	26.5	1098.8
东南诸河区	Southeast Rivers	1953.0	1940.5	465.1	452.6	1649.8
珠江区	Pearl River	5423.0	5404.0	1245.3	1226.3	1729.3
西南诸河区	Southwest Rivers	5166.0	5166.0	1256.4	1256.4	994.2
西北诸河区	Northwest Rivers	1433.6	1337.6	781.3	685.3	154.5

主要统计指标解释

地表水资源量　河流、湖泊以及冰川等地表水体中可以逐年更新的动态水量，即天然河川径流量。

地下水资源量　地下饱和含水层逐年更新的动态水量，即降水和地表水入渗对地下水的补给量。

水资源总量　当地降水形成的地表和地下产水总量，即地表径流量与降水入渗补给量之和。

降水量　从天空降落到地面的液态或固态（经融化后）水，未经蒸发、渗透、流失而在地面上积聚的深度。

其统计计算方法如下：月降水量是将全月各日的降水量累加而得；年降水量是将 12 个月的月降水量累加而得。

径流量　在一定时段内通过河流某一过水断面的水量。

流域面积　每条河流都有自己的干流和支流，干支流共同组成这条河流的水系。每条河流都有自己的集水区域，这个集水区域就称为该河流的流域。流域面积是该集水区域的总面积。

Explanatory Notes of Main Statistical Indicators

Surface water resources Dynamic quantity of water that is renewable year by year in surface water bodies such as rivers, lakes or glaciers; it also means the quantity of natural river runoff.

Groundwater resources Quantity of recharge of precipitation and surface water to the saturated rock and clay, including infiltration recharge of precipitation and surface water bodies of river courses, lakes, reservoirs, canal system and irrigation field.

Total Quantity of water resources Total available surface and underground water that is formed by local precipitation, i.e. the sum of surface runoff and underground water infiltrated by precipitation recharge.

Precipitation Accumulative depth of water in liquid or solid (after melting) states from the sky to the ground without evaporation, infiltration and running off. Its calculation methods are as follows: monthly precipitation shall be the total sum of everyday rainfall in a month; annual precipitation shall be the total sum of rainfalls of twelve months.

Amount of runoff Water quantity runs through a water carrying section of a river during a fixed period of time.

Drainage area Each river has its own mainstream and tributaries that jointly form the water system of this river. Each river has its own water catchment, and this catchment is called the river basin of this river. The area of a river basin is the total area of its catchments.

2 江河治理

River Regulation

简 要 说 明

江河治理统计资料主要包括水库数量、水库总库容、堤防长度与等级划分、水闸数量与类型以及除涝面积。

江河治理资料按水资源一级分区和地区分组。水库、堤防、水闸、除涝等历史数据汇总 1982 年至今的数据。

1. 水库统计范围为已建成水库，包括水利、电力、城建等部门建设的水库。

2. 堤防统计范围为已建成或基本建成的河堤、湖堤、海堤、江堤、分洪区和行洪区围堤等各种堤防，生产堤、渠堤、排涝堤不做统计。本年鉴堤防长度为五级及以上堤防长度。

3. 水闸统计范围为江河、湖泊上防洪、分洪、节制、挡潮、排涝、引水灌溉等各种类型的水闸，水库枢纽等建筑物上的水闸不包括在内。2012 年始，水闸数量统计口径为水闸流量达到 5 立方米每秒。

4. 洪灾、旱灾及防治状况历史资料汇总 1950 年以来的数据，按地区整理。

5. 2012 年水库、堤防、水闸相关指标已与 2011 年水利普查数据进行了衔接。

Brief Introduction

Statistical data of rivers regulation mainly includes number of reservoirs, total storage capacity, embankment length and grade division, number and types of sluices and gates, and drainage area.

The data of river regulation is divided into groups in accordance with regions and basins. Historical data of reservoirs, embankments, water gates, waterlogging prevention areas is collected from 1982 until present.

1. The statistical data of reservoirs also covers reservoirs built by department of Water electricity and urban construction despite of water department.

2. The statistical scope of embankment covers various types such as river embankment and levee, lake embankment, sea dyke, embankment for flood retention and discharge basins, excluding embankment for production, canal and drainage purposes. The data of the length of embankment and dyke is about from Grade-I to Grade-V.

3. The statistical scope of sluice and gate covers various types of sluices and gates on rivers or lakes, such as those for flood control and flood diversion, control gate and tidal gate, and gate for drainage and irrigation. The gates built on the reservoirs are not included. Since 2012, only the gates with a flow higher than 5 m^3/s are included.

4. Historical data of flood and drought disasters, and summary of prevention and control status are collected from 1950 until present and classified according to regions.

5. The data of reservoir, embankment, sluice and gate in 2012 is integrated with the First National Census for Water in 2011.

2-1 主 要 指 标
Key Indicators

指标名称 Indicator	单位	unit	2012	2013	2014	2015	2016	2017	2018	2019	2020	2021	2022
水库 Reservoir	座	unit	97543	97721	97735	97988	98460	98795	98822	98112	98566	97036	95296
总库容 Total Storage	亿立方米	10^8m^3	8255	8298	8394	8581	8967	9035	8953	8983	9306	9853	9887
大型 Large Reservoir	座	unit	683	687	697	707	720	732	736	744	774	805	814
总库容 Total Storage	亿立方米	10^8m^3	6493	6529	6617	6812	7166	7210	7117	7150	7410	7944	7979
中型 Medium Reservoir	座	unit	3758	3774	3799	3844	3890	3934	3954	3978	4098	4174	4192
总库容 Total Storage	亿立方米	10^8m^3	1064	1070	1075	1068	1096	1117	1126	1127	1179	1197	1199
小型 Small Reservoir	座	unit	93102	93260	93239	93437	93850	94129	94132	93390	93694	92057	90290
总库容 Total Storage	亿立方米	10^8m^3	698	700	702	701	705	709	710	706	717	712	709
堤防 Embankment and Dyke	千米	km	271661	276823	284425	291417	299322	306200	311932	320250	328121	331048	331638
保护耕地面积 Protected Cultivated Area	千公顷	10^3hm^2	42597	42573	42794	40844	41087	40946	41409	41903	42168	42192	41972
保护人口 Protected Population	万人	$10^4persons$	56566	57138	58584	58608	59468	60557	62837	64168	64591	65193	64284
水闸 Water Gate	座	unit	97256	98192	98686	103964	105283	103878	104403	103575	103474	100321	96348
大型 Large Gate	座	unit	862	870	875	888	892	892	897	892	914	923	957
中型 Medium Gate	座	unit	6308	6336	6360	6401	6473	6504	6534	6621	6697	6273	5951
小型 Small Gate	座	unit	90086	90986	91451	96675	97918	96482	96972	96062	95863	93125	89440
除涝面积 Drainage Area	千公顷	10^3hm^2	21857	21943	22369	22713	23067	23824	24262	24530	24586	24480	24129

2-2　历年已建成水库数量、库容和耕地灌溉面积

Number, Storage Capacity and Effective Irrigated Area of Completed Reservoirs by Year

年份 Year	已建成水库 Completed Reservoirs			大 型 水 库 Large Reservoir			中 型 水 库 Medium Reservoir			小 型 水 库 Small Reservoir		
	座数 /座 Number /unit	总库容 /亿立方米 Total Storage Capacity /10⁸m³	耕地灌溉 面积 /千公顷 Irrigated Farmland Area /10³hm²	座数 /座 Number /unit	总库容 /亿立方米 Total Storage Capacity /10⁸m³	耕地灌溉 面积 /千公顷 Irrigated Farmland Area /10³hm²	座数 /座 Number /unit	总库容 /亿立方米 Total Storage Capacity /10⁸m³	耕地灌溉 面积 /千公顷 Irrigated Farmland Area /10³hm²	座数 /座 Number /unit	总库容 /亿立方米 Total Storage Capacity /10⁸m³	耕地灌溉 面积 /千公顷 Irrigated Farmland Area /10³hm²
1983	86567	4208	15671	335	3007	6081	2367	640	4251	83865	561	5339
1984	84998	4292	15833	338	3068	6280	2387	658	4232	82273	566	5321
1985	83219	4301	15760	340	3076	6407	2401	661	4206	80478	564	5147
1986	82716	4432	15749	350	3199	6408	2115	666	4189	79951	567	5153
1987	82870	4475	15902	353	3233	6449	2428	672	4257	80089	570	5196
1988	82937	4504	15801	355	3252	6399	2462	681	4201	80120	571	5201
1989	82848	4617	15826	358	3357	6409	2480	688	4254	80010	572	5163
1990	83387	4660	15809	366	3397	6431	2499	690	4205	80522	573	5173
1991	83799	4678		367	3400		2524	698		80908	579	
1992	84130	4688		369	3407		2538	700		81223	580	
1993	84614	4717		374	3425		2562	707		81678	583	
1994	84558	4751		381	3456		2572	713		81605	582	
1995	84775	4797		387	3493		2593	719		81795	585	
1996	84905	4571		394	3260		2618	724		81893	587	
1997	84837	4583		397	3267		2634	729		81806	587	
1998	84944	4930		403	3595		2653	736		81888	598	
1999	85119	4499		400	3164		2681	743		82039	593	
2000	83260	5183		420	3843		2704	746		80136	593	
2001	83542	5280		433	3927		2736	758		80373	595	
2002	83960	5594		445	4230		2781	768		80734	596	
2003	84091	5657		453	4279		2827	783		80811	596	
2004	84363	5541		460	4147		2869	796		81034	598	
2005	84577	5623		470	4197		2934	826		81173	601	
2006	85249	5841		482	4379		3000	852		81767	610	
2007	85412	6345		493	4836		3110	883		81809	625	
2008	86353	6924		529	5386		3181	910		82643	628	
2009	87151	7064		544	5506		3259	921		83348	636	
2010	87873	7162		552	5594		3269	930		84052	638	
2011	88605	7201		567	5602		3346	954		84692	645	
2012	97543	8255		683	6493		3758	1064		93102	698	
2013	97721	8298		687	6529		3774	1070		93260	700	
2014	97735	8394		697	6617		3799	1075		93239	702	
2015	97988	8581		707	6812		3844	1068		93437	701	
2016	98460	8967		720	7166		3890	1096		93850	705	
2017	98795	9035		732	7210		3934	1117		94129	709	
2018	98822	8953		736	7117		3954	1126		94132	710	
2019	98112	8983		744	7150		3978	1127		93390	706	
2020	98566	9306		774	7410		4098	1179		93694	717	
2021	97036	9853		805	7944		4174	1197		92057	712	
2022	95296	9887		814	7979		4192	1199		90290	709	

2-3　2022 年已建成水库数量和库容（按地区分）

Number and Storage Capacity of Completed Reservoirs in 2022 (by Region)

地区	Region	已建成水库 Completed Reservoirs		大型水库 Large Reservoir		中型水库 Medium Reservoir		小型水库 Small Reservoir	
		座数/座 Number /unit	总库容/亿立方米 Total Storage Capacity /10⁸m³	座数/座 Number /unit	总库容/亿立方米 Total Storage Capacity /10⁸m³	座数/座 Number /unit	总库容/亿立方米 Total Storage Capacity /10⁸m³	座数/座 Number /unit	总库容/亿立方米 Total Storage Capacity /10⁸m³
合　计	Total	95296	9887	814	7979	4192	1199	90290	709
北　京	Beijing	81	52	3	46	17	5	61	1
天　津	Tianjin	21	25	3	22	8	3	10	0.3
河　北	Hebei	1018	208	24	184	47	17	947	7
山　西	Shanxi	621	72	11	39	72	23	538	10
内蒙古	Inner Mongolia	475	185	17	143	89	33	369	9
辽　宁	Liaoning	751	374	37	344	76	21	638	9
吉　林	Jilin	1338	325	19	282	109	31	1210	12
黑龙江	Heilongjiang	797	199	28	151	100	34	669	14
上　海	Shanghai	6	6	1	5	1	0.1	4	0.3
江　苏	Jiangsu	929	35	6	13	45	12	878	10
浙　江	Zhejiang	4276	449	34	372	166	49	4076	28
安　徽	Anhui	5461	207	18	147	115	31	5328	29
福　建	Fujian	3622	206	22	123	200	53	3400	30
江　西	Jiangxi	10624	354	36	223	265	65	10323	66
山　东	Shandong	5528	183	38	93	228	56	5262	34
河　南	Henan	2543	438	28	384	123	34	2392	20
湖　北	Hubei	6768	1247	75	1116	288	82	6405	49
湖　南	Hunan	13374	544	51	375	361	98	12962	71
广　东	Guangdong	7451	452	40	295	338	95	7073	62
广　西	Guangxi	4526	765	66	647	236	70	4224	48
海　南	Hainan	1106	114	10	77	78	24	1018	13
重　庆	Chongqing	3079	128	18	81	116	28	2945	19
四　川	Sichuan	8206	764	59	637	255	78	7892	49
贵　州	Guizhou	2611	490	27	416	166	48	2418	26
云　南	Yunnan	7344	1177	56	1050	327	79	6961	48
西　藏	Xizang	143	44	9	35	21	8	113	1
陕　西	Shaanxi	1079	115	16	69	87	34	976	12
甘　肃	Gansu	349	114	10	93	46	15	293	6
青　海	Qinghai	197	347	13	339	20	5	164	3
宁　夏	Ningxia	329	26	1	6	37	12	291	8
新　疆	Xinjiang	643	241	38	172	155	56	450	13

2-4 2022年已建成水库数量和库容（按水资源分区分）

Number and Storage Capacity of Completed Reservoirs in 2022
(by Water Resources Sub-region)

水资源 一级区	Grade-I Water Resources Regions	已建成水库 Completed Reservoirs		大 型 水 库 Large Reservoir		中 型 水 库 Medium Reservoir		小 型 水 库 Small Reservoir	
		座数 /座 Number /unit	总库容 /亿立方米 Total Storage Capacity /10^8m^3	座数 /座 Number /unit	总库容 /亿立方米 Total Storage Capacity /10^8m^3	座数 /座 Number /unit	总库容 /亿立方米 Total Storage Capacity /10^8m^3	座数 /座 Number /unit	总库容 /亿立方米 Total Storage Capacity /10^8m^3
合　计	**Total**	**95296**	**9887**	**814**	**7979**	**4192**	**1199**	**90290**	**709**
松花江区	Songhua River	2050	572	49	481	201	65	1800	26
辽河区	Liaohe River	1050	483	48	430	129	39	873	13
海河区	Haihe River	1619	339	37	273	164	48	1418	17
黄河区	Yellow River	2834	847	42	726	239	81	2553	40
淮河区	Huaihe River	8750	402	61	269	296	79	8393	54
长江区	Yangtze River	51827	4607	327	3820	1700	463	49800	324
东南诸河区	Southeast Rivers	7778	645	52	489	356	99	7370	57
珠江区	Pearl River	17137	1642	142	1258	820	234	16175	150
西南诸河区	Southwest Rivers	1296	81	11	48	89	23	1196	10
西北诸河区	Northwest Rivers	955	273	45	185	198	69	712	18

2-5 2022 年已建成水库数量和库容（按水资源分区和地区分）

Number and Storage Capacity of Completed Reservoirs in 2022
(by Water Resources Sub-region and Region)

地区	Region	已建成水库 Completed Reservoirs 座数/座 Number/unit	总库容/亿立方米 Total Storage Capacity /10⁸m³	大型水库 Large Reservoir 座数/座 Number/unit	总库容/亿立方米 Total Storage Capacity /10⁸m³	中型水库 Medium Reservoir 座数/座 Number/unit	总库容/亿立方米 Total Storage Capacity /10⁸m³	小型水库 Small Reservoir 座数/座 Number/unit	总库容/亿立方米 Total Storage Capacity /10⁸m³
松花江区	**Songhua River**	**2050**	**572**	**49**	**481**	**201**	**65**	**1800**	**26**
内蒙古	Inner Mongolia	62	113	4	104	16	7	42	1
吉 林	Jilin	1191	260	17	225	85	24	1089	11
黑龙江	Heilongjiang	797	200	28	151	100	34	669	14
辽河区	**Liaohe River**	**1050**	**483**	**48**	**430**	**129**	**39**	**873**	**13**
内蒙古	Inner Mongolia	161	42	9	29	29	11	123	3
辽 宁	Liaoning	742	374	37	344	76	21	629	9
吉 林	Jilin	147	66	2	57	24	7	121	2
海河区	**Haihe River**	**1619**	**339**	**37**	**273**	**164**	**48**	**1418**	**17**
北 京	Beijing	81	52	3	46	17	5	61	1
天 津	Tianjin	21	25	3	22	8	3	10	0.2
河 北	Hebei	1018	208	24	184	47	17	947	7
山 西	Shanxi	278	27	4	13	36	10	238	4
内蒙古	Inner Mongolia	23	2	1	1	4	1	18	0.2
辽 宁	Liaoning	9	0.1					9	0.1
山 东	Shandong	82	10			34	7	48	3
河 南	Henan	107	13	2	7	18	5	87	1
黄河区	**Yellow River**	**2834**	**847**	**42**	**726**	**239**	**81**	**2553**	**40**
山 西	Shanxi	343	44	7	26	36	13	300	5
内蒙古	Inner Mongolia	130	20	2	6	26	11	102	3
山 东	Shandong	895	18	3	4	31	8	861	5
河 南	Henan	297	263	7	254	20	4	270	5
四 川	Sichuan	2	0.1					2	0.1
陕 西	Shaanxi	538	50	7	17	62	25	469	8
甘 肃	Gansu	152	86	4	78	15	5	133	3
青 海	Qinghai	148	340	11	335	12	3	125	2
宁 夏	Ningxia	329	26	1	6	37	12	291	8
淮河区	**Huaihe River**	**8750**	**402**	**61**	**269**	**296**	**79**	**8393**	**54**
江 苏	Jiangsu	418	20	3	9	19	6	396	5
安 徽	Anhui	2121	92	7	64	59	17	2055	11
山 东	Shandong	4551	156	35	89	163	41	4353	26
河 南	Henan	1660	134	16	107	55	15	1589	12

2-5 续表 continued

地区	Region	已建成水库 Completed Reservoirs		大 型 水 库 Large Reservoir		中 型 水 库 Medium Reservoir		小 型 水 库 Small Reservoir	
		座数 /座 Number /unit	总库容 /亿立方米 Total Storage Capacity /10^8m^3	座数 /座 Number /unit	总库容 /亿立方米 Total Storage Capacity /10^8m^3	座数 /座 Number /unit	总库容 /亿立方米 Total Storage Capacity /10^8m^3	座数 /座 Number /unit	总库容 /亿立方米 Total Storage Capacity /10^8m^3
长江区	**Yangtze River**	**51827**	**4607**	**327**	**3820**	**1700**	**463**	**49800**	**324**
上 海	Shanghai	6	6	1	5	1	0.1	4	0.3
江 苏	Jiangsu	511	15	3	3	26	6	482	5
浙 江	Zhejiang	255	13	5	8	13	3	237	1
安 徽	Anhui	3205	112	10	81	53	14	3142	17
江 西	Jiangxi	10624	354	36	223	265	65	10323	66
河 南	Henan	479	28	3	16	30	9	446	3
湖 北	Hubei	6768	1248	75	1116	288	82	6405	49
湖 南	Hunan	13194	541	50	374	356	97	12788	70
广 西	Guangxi	146	6	1	1	12	4	133	1
重 庆	Chongqing	3079	129	18	81	116	28	2945	19
四 川	Sichuan	8204	763	59	637	255	78	7890	49
贵 州	Guizhou	1990	319	21	266	115	34	1854	19
云 南	Yunnan	2774	991	32	945	130	28	2612	18
西 藏	Xizang	18	7	2	4	5	3	11	0.2
陕 西	Shaanxi	541	65	9	52	25	9	507	4
甘 肃	Gansu	26	10	2	8	8	2	16	0.4
青 海	Qinghai	7	1			2	0.3	5	0.3
东南诸河区	**Southeast Rivers**	**7778**	**645**	**52**	**489**	**356**	**99**	**7370**	**57**
浙 江	Zhejiang	4021	436	29	364	153	45	3839	27
安 徽	Anhui	135	3	1	2	3	1	131	0.7
福 建	Fujian	3622	206	22	123	200	53	3400	30
珠江区	**Pearl River**	**17137**	**1642**	**142**	**1258**	**820**	**234**	**16175**	**150**
湖 南	Hunan	180	4	1	1	5	1	174	1
广 东	Guangdong	7451	452	40	295	338	95	7073	62
广 西	Guangxi	4380	759	65	646	224	66	4091	47
海 南	Hainan	1106	113	10	77	78	24	1018	13
贵 州	Guizhou	621	171	6	150	51	14	564	7
云 南	Yunnan	3399	143	20	89	124	33	3255	21
西南诸河区	**Southwest Rivers**	**1296**	**81**	**11**	**48**	**89**	**23**	**1196**	**10**
云 南	Yunnan	1171	43	4	17	73	18	1094	9
西 藏	Xizang	125	37	7	31	16	5	102	1
青 海	Qinghai								
西北诸河区	**Northwest Rivers**	**955**	**273**	**45**	**185**	**198**	**69**	**712**	**19**
内蒙古	Inner Mongolia	99	8	1	3	14	3	84	2
甘 肃	Gansu	171	18	4	7	23	8	144	3
青 海	Qinghai	42	7	2	4	6	2	34	1
新 疆	Xinjiang	643	241	38	171	155	56	450	14

2-6　历年堤防长度、保护耕地、保护人口和达标长度

Length of Embankment and Dyke, Protected Farmland and Population, Length of Up-to-standard Embankment and Dyke by Year

年份 Year	长度 /千米 Length /km	保护耕地面积 /千公顷 Protected Cultivated Area /10³hm²	保护人口 /万人 Protected Population /10⁴ persons	累计达标堤防长度 /千米 Accumulated Length of Up-to-standard Embankment and Dyke /km	#1级、2级堤防/千米 Grade-I and Grade-II Embankment and Dyke/km	新增达标堤防长度 /千米 Newly-increased Length of Up-to-standard Embankment and Dyke /km	主要堤防 Key Embankment and Dyke		一般堤防 General Embankment and Dyke	
							长度 /千米 Length /km	保护耕地面积 /千公顷 Protected Cultivated Area /10³hm²	长度 /千米 Length /km	保护耕地面积 /千公顷 Protected Cultivated Area /10³hm²
1982	170645	33621					43256	22363	127389	11258
1983	175499	33882					46125	22335	129374	11547
1984	178958	35459					53046	22912	125912	12547
1985	177048	31060					53739	20714	123309	10346
1986	185045	31665					55706	21279	129339	10387
1987	200175	32205					56067	21131	144108	11073
1988	203709	32330					56267	21115	147442	11215
1989	216979	31966					56634	20785	160345	11180
1990	225770	31616					57499	20954	168271	10661
1991	237746	29507					59536	18257	178210	11251
1992	242246	29565					60112	18521	182134	11044
1993	245130	30885					61140	18639	183990	12246
1994	245876	30246					61803	18337	184073	11910
1995	246680	30609					63423	18777	183257	11833
1996	248243	32686					64706	21638	183537	11048
1997	250815	40476					65729	26982	185086	13493
1998	258600	36289					69879	24840	188721	11449
1999	266278	38575					74021	26014	192257	12561
2000	270364	39595	46586				76769	27458	193595	12137
2001	273401	40671	47939	76532	15875	8369				
2002	273786	42862	50049	82395	21181	11426				
2003	275171	43875	51304	88030	22854	5634				
2004	277305	43934	53065	94634	22679	6647				
2005	277450	44121	54174	98147	23240	3856				
2006	280850	45486	55403	106334	23609	5883				
2007	283770	45518	56487	109349	24347	4243				
2008	286896	45712	57289	112837	25309	5115				
2009	291420	46547	58978	116739	26256	4515				
2010	294104	46831	59853	121440	27865	4697				
2011	299911	42625	57216	128557	28419	7413				
2012	271661	42597	56566	177490	27949	11080				
2013	276823	42573	57138	179763	29452	9170				
2014	284425	42794	58584	188681	30382	9098				
2015	291417	40844	58608	196536	31164	8005				
2016	299322	41087	59468	201124	32266	6733				
2017	306200	40946	60557	210286	33381	9114				
2018	311932	41409	62837	217607	33983	8439				
2019	320250	41903	64168	227312	35267	9533				
2020	328121	42168	64591	239633	36882	8282				
2021	331048	42192	65193	247880	37634	8767				
2022	331638	41972	64284	252303	37736	6886				

2-7 2022年堤防长度、保护耕地、保护人口和达标长度（按地区分）

Length of Embankment and Dyke, Protected Farmland and Population, Length of Up-to-standard Embankment and Dyke in 2022 (by Region)

地区 Region	长度/千米 Length /km	保护耕地面积/千公顷 Protected Cultivated Area /10³hm²	保护人口/万人 Protected Population /10⁴persons	累计达标堤防长度/千米 Accumulated Length of Up-to-standard Embankment and Dyke /km	#1级、2级堤防/千米 Grade-I and Grade-II Embankment and Dyke /km	新增达标堤防长度/千米 Newly-increased Length of Up-to-standard Embankment and Dyke /km
合 计 Total	331638	41972	64284	252303	37736	6886
北 京 Beijing	1796	209	437	1452	616	107
天 津 Tianjin	2165	330	1363	1024	767	1
河 北 Hebei	10948	3383	3562	5755	1796	197
山 西 Shanxi	7822	712	1094	6388	541	335
内蒙古 Inner Mongolia	7355	1784	1339	5821	1419	94
辽 宁 Liaoning	12554	1506	1975	10676	2307	30
吉 林 Jilin	8610	1374	1123	5757	1590	130
黑龙江 Heilongjiang	14490	3460	1266	9448	2121	93
上 海 Shanghai	1526	161	2476	1526	1266	
江 苏 Jiangsu	51730	2858	5263	44031	5635	29
浙 江 Zhejiang	20003	1041	3282	17155	1381	91
安 徽 Anhui	20310	2826	3512	14463	2817	275
福 建 Fujian	6028	472	1730	4688	375	204
江 西 Jiangxi	11120	1054	2202	9536	446	177
山 东 Shandong	19671	3857	4525	16365	3871	53
河 南 Henan	17725	3580	4725	12038	1562	142
湖 北 Hubei	19011	3110	4108	8919	2179	237
湖 南 Hunan	12382	1774	2553	6315	1300	290
广 东 Guangdong	23673	1102	5765	14532	2704	79
广 西 Guangxi	3459	324	1262	2536	163	181
海 南 Hainan	788	127	364	544	67	0.4
重 庆 Chongqing	3398	225	1102	3249	169	217
四 川 Sichuan	8005	951	2778	7449	368	490
贵 州 Guizhou	4805	431	990	4557	241	420
云 南 Yunnan	10356	684	1281	9121	164	666
西 藏 Xizang	3349	56	107	2711	130	465
陕 西 Shaanxi	6551	648	1233	5936	1051	261
甘 肃 Gansu	10091	610	1065	9052	402	845
青 海 Qinghai	2876	84	151	2815	156	282
宁 夏 Ningxia	963	192	231	896		
新 疆 Xinjiang	8080	3048	1419	7550	130	494

2-8　2022 年堤防长度、保护耕地、保护人口和达标长度
（按水资源分区分）

Length of Embankment and Dyke, Protected Farmland and Population, Length of Up-to-standard Embankment and Dyke in 2022
(by Water Resources Sub-region)

水资源 一级区 Grade-I Water Resources Regions	长度 /千米 Length /km	保护耕地面积 /千公顷 Protected Cultivated Area /10³hm²	保护人口 /万人 Protected Population /10⁴ persons	累计达标 堤防长度 /千米 Accumulated Length of Up-to-standard Embankment and Dyke /km	#1 级、2 级 堤防/千米 Grade-I and Grade-II Embankment and Dyke /km	新增达标 堤防长度 /千米 Newly-increased Length of Up-to-standard Embankment and Dyke /km
合　计　Total	331638	41972	64284	252303	37736	6886
松花江区　Songhua River	23827	4987	2581	16086	3860	228
辽河区　Liaohe River	15942	2259	2598	12998	2979	75
海河区　Haihe River	22428	5518	7132	13975	4787	419
黄河区　Yellow River	24908	2934	3931	22155	3101	1281
淮河区　Huaihe River	72653	9035	11205	58021	8259	157
长江区　Yangtze River	102148	10367	22075	75233	10052	2500
东南诸河区　Southeast Rivers	18049	1229	4329	14819	1276	292
珠江区　Pearl River	31994	1799	7899	21122	2952	448
西南诸河区　Southwest Rivers	8139	416	715	7276	196	774
西北诸河区　Northwest Rivers	11550	3429	1819	10618	273	712

2-9 2022年堤防长度、保护耕地、保护人口和达标长度
（按水资源分区和地区分）

Length of Embankment and Dyke, Protected Farmland and Population, Length of Up-to-standard Embankment and Dyke in 2022
(by Water Resources Sub-region and Region)

地区 Region		长度 /千米 Length /km	保护耕地面积 /千公顷 Protected Cultivated Area /10³hm²	保护人口 /万人 Protected Population /10⁴persons	累计达标 堤防长度 /千米 Accumulated Length of Up-to-standard Embankment and Dyke /km	#1级、2级 堤防/千米 Grade-I and Grade-II Embankment and Dyke /km	新增达标 堤防长度 /千米 Newly-increased Length of Up-to-standard Embankment and Dyke /km
松花江区	**Songhua River**	**23827**	**4987**	**2581**	**16086**	**3860**	**228**
内蒙古	Inner Mongolia	1536	389	373	1492	250	31
吉 林	Jilin	7800	1137	942	5146	1489	104
黑龙江	Heilongjiang	14490	3460	1266	9448	2121	93
辽河区	**Liaohe River**	**15942**	**2259**	**2598**	**12998**	**2979**	**75**
内蒙古	Inner Mongolia	2697	517	446	1829	574	18
辽 宁	Liaoning	12436	1505	1971	10558	2304	30
吉 林	Jilin	810	237	181	611	101	27
海河区	**Haihe River**	**22428**	**5518**	**7132**	**13975**	**4787**	**419**
北 京	Beijing	1796	209	437	1452	616	107
天 津	Tianjin	2165	330	1363	1024	767	1
河 北	Hebei	10948	3383	3562	5755	1796	197
山 西	Shanxi	2586	224	321	1961	245	86
内蒙古	Inner Mongolia	78	3	29	75		
辽 宁	Liaoning	118	1	4	118	3	
山 东	Shandong	3524	1035	920	2865	1173	
河 南	Henan	1213	334	496	725	188	29
黄河区	**Yellow River**	**24908**	**2934**	**3931**	**22155**	**3101**	**1281**
山 西	Shanxi	5236	488	773	4427	296	250
内蒙古	Inner Mongolia	2582	852	419	2025	596	32
山 东	Shandong	607	181	217	509	2	
河 南	Henan	3158	437	645	2612	911	52
四 川	Sichuan	88	0.8	9	87		20
陕 西	Shaanxi	4068	487	893	3778	919	139
甘 肃	Gansu	5930	248	650	5569	270	530
青 海	Qinghai	2276	46	92	2253	108	258
宁 夏	Ningxia	963	192	231	896		
淮河区	**Huaihe River**	**72653**	**9035**	**11205**	**58021**	**8259**	**157**
江 苏	Jiangsu	35802	1950	2512	29470	3312	
安 徽	Anhui	8924	1901	2073	7632	1793	50
山 东	Shandong	15541	2640	3388	12991	2696	53
河 南	Henan	12386	2543	3232	7928	457	54

2-9 续表 continued

地区	Region	长度 /千米 Length /km	保护耕地面积 /千公顷 Protected Cultivated Area /10^3hm^2	保护人口 /万人 Protected Population /10^4persons	累计达标 堤防长度 /千米 Accumulated Length of Up-to-standard Embankment and Dyke /km	#1级、2级 堤防/千米 Grade-I and Grade-II Embankment and Dyke /km	新增达标 堤防长度 /千米 Newly-increased Length of Up-to-standard Embankment and Dyke /km
长江区	**Yangtze River**	**102148**	**10367**	**22075**	**75233**	**10052**	**2500**
上 海	Shanghai	1526	161	2476	1526	1266	
江 苏	Jiangsu	15928	908	2751	14561	2323	29
浙 江	Zhejiang	8149	290	695	7191	480	8
安 徽	Anhui	11219	917	1427	6664	1024	220
江 西	Jiangxi	11120	1054	2202	9536	446	177
河 南	Henan	968	266	352	773	6	7
湖 北	Hubei	19011	3110	4108	8919	2179	237
湖 南	Hunan	12247	1759	2508	6187	1300	290
广 西	Guangxi	90	26	60	80		10
重 庆	Chongqing	3398	225	1102	3249	169	217
四 川	Sichuan	7917	950	2769	7362	368	471
贵 州	Guizhou	3236	316	791	3064	228	305
云 南	Yunnan	2971	181	351	2448	94	260
西 藏	Xizang	188	2	6	188		15
陕 西	Shaanxi	2484	160	340	2158	133	122
甘 肃	Gansu	1654	41	131	1309	37	130
青 海	Qinghai	43	0.1	8	18		2
东南诸河区	**Southeast Rivers**	**18049**	**1229**	**4329**	**14819**	**1276**	**292**
浙 江	Zhejiang	11853	750	2588	9963	901	83
安 徽	Anhui	168	7	12	168		5
福 建	Fujian	6028	472	1730	4688	375	204
珠江区	**Pearl River**	**31994**	**1799**	**7899**	**21122**	**2952**	**448**
湖 南	Hunan	135	15	46	128		
广 东	Guangdong	23673	1102	5765	14532	2704	79
广 西	Guangxi	3369	299	1202	2457	163	171
海 南	Hainan	788	127	364	544	67	0
贵 州	Guizhou	1569	116	199	1493	13	114
云 南	Yunnan	2460	141	323	1970	5	82
西南诸河区	**Southwest Rivers**	**8139**	**416**	**715**	**7276**	**196**	**774**
云 南	Yunnan	4925	362	607	4703	66	324
西 藏	Xizang	3161	54	101	2523	130	451
青 海	Qinghai	53		8	50		
西北诸河区	**Northwest Rivers**	**11550**	**3429**	**1819**	**10618**	**273**	**712**
内蒙古	Inner Mongolia	461	22	71	400		12
甘 肃	Gansu	2507	321	284	2174	95	185
青 海	Qinghai	503	39	44	494	48	22
新 疆	Xinjiang	8080	3048	1419	7550	130	494

2-10 历 年 水 闸 数 量
Number of Water Gates by Year

单位：座   unit: unit

年份 Year	合计 Total	按过闸流量大小分 Classified According to Flow			按作用分 Classified According to Functions				
		大型 Large Gate	中型 Medium Gate	小型 Small Gate	分洪闸 Flood Diversion Gate	节制闸 Control Gate	排水闸 Drainage Gate	引水闸 Water Diversion Gate	挡潮闸 Tide Gate
1982	24906	253	1949	22704					
1983	24980	263	1912	22805					
1984	24862	290	1941	22631					
1985	24816	294	1957	22565					
1986	25315	299	2032	22984					
1987	26131	299	2060	23772					
1988	26319	300	2060	23959					
1989	26739	308	2086	24345					
1990	27649	316	2126	25207					
1991	29390	320	2228	26842					
1992	30571	322	2296	27953					
1993	30730	325	2676	27729					
1994	31097	320	2740	28037					
1995	31434	333	2794	28307					
1996	31427	333	2821	28273					
1997	31697	340	2836	28521					
1998	31742	353	2910	28479					
1999	32918	359	3025	29534					
2000	33702	402	3115	30185					
2001	36875	410							
2002	39144	431							
2003	39834	416							
2004	39313	413							
2005	39839	405							
2006	41209	426	3495	37288					
2007	41110	438	3531	37141	2656	11663	14288	7562	4941
2008	41626	504	4182	36940	2647	11904	14381	7686	5008
2009	42523	565	4661	37297	2672	12824	14488	7895	4644
2010	43300	567	4692	38041	2797	12951	14676	8182	4694
2011	44306	599	4767	38942	2878	13313	14937	8427	4751
2012	97256	862	6308	90086	7962	55297	17229	10955	5813
2013	98192	870	6336	90986	7985	55758	17509	11106	5834
2014	98686	875	6360	91451	7993	56157	17581	11124	5831
2015	103964	888	6401	96675	10817	54687	18800	14296	5364
2016	105283	892	6473	97918	10557	57013	18210	14350	5153
2017	103878	892	6504	96482	8363	57670	18280	14435	5130
2018	104403	897	6534	96972	8373	57972	18355	14570	5133
2019	103575	892	6621	96062	8293	57831	18449	13830	5172
2020	103474	914	6697	95863	8249	57942	18345	13829	5109
2021	100321	923	6273	93125	8193	55569	17808	13796	4955
2022	96348	957	5951	89440	7621	53892	17158	13066	4611

2-11 2022 年水闸数量（按地区分）

Number of Water Gates in 2022 (by Region)

单位：座   unit: unit

地区 Region		合计 Total	按过闸流量大小分 Classified According to Flow			按作用分 Classified According to Functions				
			大型 Large Gate	中型 Medium Gate	小型 Small Gate	分洪闸 Flood Diversion Gate	节制闸 Control Gate	排水闸 Drainage Gate	引水闸 Water Diversion Gate	挡潮闸 Tide Gate
合 计	Total	96348	957	5951	89440	7621	53892	17158	13066	4611
北 京	Beijing	428	12	64	352	13	404	6	5	
天 津	Tianjin	1720	13	52	1655	35	857	258	558	12
河 北	Hebei	2752	22	276	2454	192	1563	448	511	38
山 西	Shanxi	729	3	38	688	66	431	100	132	
内蒙古	Inner Mongolia	1743	7	110	1626	264	945	60	474	
辽 宁	Liaoning	1272	42	143	1087	77	447	197	476	75
吉 林	Jilin	499	23	69	407	73	222	98	106	
黑龙江	Heilongjiang	1600	16	174	1410	251	440	585	324	
上 海	Shanghai	2533		66	2467	1	2494			38
江 苏	Jiangsu	21636	41	507	21088	298	15986	2559	2646	147
浙 江	Zhejiang	8985	18	396	8571	344	5513	1250	277	1601
安 徽	Anhui	4694	63	353	4278	593	2040	1254	807	
福 建	Fujian	1608	28	255	1325	409	275	409	84	431
江 西	Jiangxi	3853	25	225	3603	887	1552	1013	401	
山 东	Shandong	3550	120	443	2987	230	2039	472	789	20
河 南	Henan	4079	37	339	3703	178	1789	1403	709	
湖 北	Hubei	6789	25	185	6579	659	2896	1909	1325	
湖 南	Hunan	8081	161	570	7350	643	6210	622	606	
广 东	Guangdong	8025	140	745	7140	807	1463	3344	370	2041
广 西	Guangxi	1247	45	137	1065	214	251	428	150	204
海 南	Hainan	203	3	27	173	54	87	32	26	4
重 庆	Chongqing	64	2	27	35	13	23		28	
四 川	Sichuan	1333	49	101	1183	368	678	56	231	
贵 州	Guizhou	16	1	2	13		1	3	12	
云 南	Yunnan	1734	4	197	1533	103	1370	39	222	
西 藏	Xizang	41	1	6	34	3	16		22	
陕 西	Shaanxi	621	9	22	590	77	199	158	187	
甘 肃	Gansu	1254	4	75	1175	188	844	82	140	
青 海	Qinghai	126	6	30	90	6	23	10	87	
宁 夏	Ningxia	376		16	360	36	186	99	55	
新 疆	Xinjiang	4757	37	301	4419	539	2648	264	1306	

2-12 2022年水闸数量（按水资源分区分）
Number of Water Gates in 2022 (by Water Resources Sub-region)

单位：座

水资源一级区	Grade-I Water Resources Regions	合计 Total	按过闸流量大小分 Classified According to Flow			按作用分 Classified According to Functions				
			大型 Large Gate	中型 Medium Gate	小型 Small Gate	分洪闸 Flood Diversion Gate	节制闸 Control Gate	排水闸 Drainage Gate	引水闸 Water Diversion Gate	挡潮闸 Tide Gate
合　计	**Total**	**96348**	**957**	**5951**	**89440**	**7621**	**53892**	**17158**	**13066**	**4611**
松花江区	Songhua River	2204	38	247	1919	324	708	701	471	
辽河区	Liaohe River	1983	42	213	1728	275	784	215	634	75
海河区	Haihe River	7333	69	542	6722	450	3905	1166	1756	56
黄河区	Yellow River	2882	23	161	2698	193	1535	489	665	
淮河区	Huaihe River	22325	219	1183	20923	566	14005	4263	3349	142
长江区	Yangtze River	36697	284	1593	34820	3290	24830	4931	3587	59
东南诸河区	Southeast Rivers	6266	45	614	5607	662	2000	1236	338	2030
珠江区	Pearl River	10276	195	986	9095	1125	2380	3834	688	2249
西南诸河区	Southwest Rivers	256	2	42	212	19	186	10	41	
西北诸河区	Northwest Rivers	6126	40	370	5716	717	3559	313	1537	

2-13　2022 年水闸数量（按水资源分区和地区分）

Number of Water Gates in 2022 (by Water Resources Sub-region and Region)

单位：座

地区 Region		合计 Total	按过闸流量大小分 Classified According to Flow			按作用分 Classified According to Functions				
			大型 Large Gate	中型 Medium Gate	小型 Small Gate	分洪闸 Flood Diversion Gate	节制闸 Control Gate	排水闸 Drainage Gate	引水闸 Water Diversion Gate	挡潮闸 Tide Gate
松花江区	**Songhua River**	**2204**	**38**	**247**	**1919**	**324**	**708**	**701**	**471**	
内蒙古	Inner Mongolia	164		18	146	10	76	27	51	
吉　林	Jilin	440	22	55	363	63	192	89	96	
黑龙江	Heilongjiang	1600	16	174	1410	251	440	585	324	
辽河区	**Liaohe River**	**1983**	**42**	**213**	**1728**	**275**	**784**	**215**	**634**	**75**
内蒙古	Inner Mongolia	666	6	59	601	188	307	9	162	
辽　宁	Liaoning	1258	35	140	1083	77	447	197	462	75
吉　林	Jilin	59	1	14	44	10	30	9	10	
海河区	**Haihe River**	**7333**	**69**	**542**	**6722**	**450**	**3905**	**1166**	**1756**	**56**
北　京	Beijing	428	12	64	352	13	404	6	5	
天　津	Tianjin	1720	13	52	1655	35	857	258	558	12
河　北	Hebei	2752	22	276	2454	192	1563	448	511	38
山　西	Shanxi	430		16	414	42	229	62	97	
内蒙古	Inner Mongolia	2			2				2	
辽　宁	Liaoning	14	7	3	4				14	
山　东	Shandong	1519	14	101	1404	107	635	301	470	6
河　南	Henan	468	1	30	437	61	217	91	99	
黄河区	**Yellow River**	**2882**	**23**	**161**	**2698**	**193**	**1535**	**489**	**665**	
山　西	Shanxi	299	3	22	274	24	202	38	35	
内蒙古	Inner Mongolia	731	1	29	701	49	450	23	209	
山　东	Shandong	78	3	6	69	3	34	21	20	
河　南	Henan	777	4	38	735	21	435	155	166	
四　川	Sichuan									
陕　西	Shaanxi	432	5	10	417	27	160	109	136	
甘　肃	Gansu	151	1	11	139	27	53	41	30	
青　海	Qinghai	38	6	29	3	6	15	3	14	
宁　夏	Ningxia	376		16	360	36	186	99	55	
淮河区	**Huaihe River**	**22325**	**219**	**1183**	**20923**	**566**	**14005**	**4263**	**3349**	**142**
江　苏	Jiangsu	15024	37	332	14655	156	10256	2298	2186	128
安　徽	Anhui	2810	48	257	2505	214	1364	748	484	
山　东	Shandong	1953	103	336	1514	120	1370	150	299	14
河　南	Henan	2538	31	258	2249	76	1015	1067	380	

2-13　续表　continued

地区	Region	合计 Total	按过闸流量大小分 Classified According to Flow			按作用分 Classified According to Functions				
			大型 Large Gate	中型 Medium Gate	小型 Small Gate	分洪闸 Flood Diversion Gate	节制闸 Control Gate	排水闸 Drainage Gate	引水闸 Water Diversion Gate	挡潮闸 Tide Gate
长江区	**Yangtze River**	**36697**	**284**	**1593**	**34820**	**3290**	**24830**	**4931**	**3587**	**59**
上　海	Shanghai	2533		66	2467	1	2494			38
江　苏	Jiangsu	6612	4	175	6433	142	5730	261	460	19
浙　江	Zhejiang	4327	1	37	4289	91	3788	423	23	2
安　徽	Anhui	1884	15	96	1773	379	676	506	323	
江　西	Jiangxi	3853	25	225	3603	887	1552	1013	401	
河　南	Henan	296	1	13	282	20	122	90	64	
湖　北	Hubei	6789	25	185	6579	659	2896	1909	1325	
湖　南	Hunan	8068	156	562	7350	643	6197	622	606	
广　西	Guangxi	1	1				1			
重　庆	Chongqing	64	2	27	35	13	23		28	
四　川	Sichuan	1333	49	101	1183	368	678	56	231	
贵　州	Guizhou	12	1		11				12	
云　南	Yunnan	734		94	640	37	634	2	61	
西　藏	Xizang									
陕　西	Shaanxi	189	4	12	173	50	39	49	51	
甘　肃	Gansu									
青　海	Qinghai	2			2				2	
东南诸河区	**Southeast Rivers**	**6266**	**45**	**614**	**5607**	**662**	**2000**	**1236**	**338**	**2030**
浙　江	Zhejiang	4658	17	359	4282	253	1725	827	254	1599
安　徽	Anhui									
福　建	Fujian	1608	28	255	1325	409	275	409	84	431
珠江区	**Pearl River**	**10276**	**195**	**986**	**9095**	**1125**	**2380**	**3834**	**688**	**2249**
湖　南	Hunan	13	5	8			13			
广　东	Guangdong	8025	140	745	7140	807	1463	3344	370	2041
广　西	Guangxi	1246	44	137	1065	214	250	428	150	204
海　南	Hainan	203	3	27	173	54	87	32	26	4
贵　州	Guizhou	4		2	2		1	3		
云　南	Yunnan	785	3	67	715	50	566	27	142	
西南诸河区	**Southwest Rivers**	**256**	**2**	**42**	**212**	**19**	**186**	**10**	**41**	
云　南	Yunnan	215	1	36	178	16	170	10	19	
西　藏	Xizang	41	1	6	34	3	16		22	
青　海	Qinghai									
西北诸河区	**Northwest Rivers**	**6126**	**40**	**370**	**5716**	**717**	**3559**	**313**	**1537**	
内蒙古	Inner Mongolia	180		4	176	17	112	1	50	
甘　肃	Gansu	1103	3	64	1036	161	791	41	110	
青　海	Qinghai	86		1	85		8	7	71	
新　疆	Xinjiang	4757	37	301	4419	539	2648	264	1306	

2-14 历年水旱灾害

Flood and Drought Disasters by Year

年份 Year	洪 灾 Flood Disasters							旱 灾 Drought Disasters		
	农作物受灾面积/千公顷 Cropland Area Affected by Flood /10³hm²	农作物成灾面积/千公顷 Cropland Area Damaged by Flood /10³hm²	成灾率/% Percentage of Damaged Area /%	受灾人口/万人 Affected Population /10⁴persons	死亡人口/人 Death Toll /person	直接经济损失/亿元 Total Direct Economic Losses /10⁸yuan	水利设施经济损失/亿元 Economic Loss of Water Facilities /10⁸yuan	农作物受灾面积/千公顷 Cropland Area Affected by Drought /10³hm²	农作物成灾面积/千公顷 Cropland Area Damaged by Drought /10³hm²	成灾率/% Percentage of Damaged Area /%
1950	6559	4710	71.8	1982				2398	589	24.6
1951	4173	1476	35.4	7819				7829	2299	29.4
1952	2794	1547	55.4	4162				4236	2565	60.6
1953	7187	3285	45.7	3308				8616	1341	15.6
1954	16131	11305	70.1	42447				2988	560	18.7
1955	5247	3067	58.5	2718				13433	4024	30.0
1956	14377	10905	75.9	10676				3127	2051	65.6
1957	8083	6032	74.6	4415				17205	7400	43.0
1958	4279	1441	33.7	3642				22361	5031	22.5
1959	4813	1817	37.8	4540				33807	11173	33.1
1960	10155	4975	49.0	6033				38125	16177	42.4
1961	8910	5356	60.1	5074				37847	18654	49.3
1962	9810	6318	64.4	4350				20808	8691	41.8
1963	14071	10479	74.5	10441				16865	9021	53.5
1964	14933	10038	67.2	4288				4219	1423	33.7
1965	5587	2813	50.3	1906				13631	8107	59.5
1966	2508	950	37.9	1901				20015	8106	40.5
1967	2599	1407	54.1	1095				6764	3065	45.3
1968	2670	1659	62.1	1159				13294	7929	59.6
1969	5443	3265	60.0	4667				7624	3442	45.1
1970	3129	1234	39.4	2444				5723	1931	33.7
1971	3989	1481	37.1	2323				25049	5319	21.2
1972	4083	1259	30.8	1910				30699	13605	44.3
1973	6235	2577	41.3	3413				27202	3928	14.4
1974	6431	2737	42.6	1849				25553	2296	9.0
1975	6817	3467	50.9	29653				24832	5318	21.4
1976	4197	1329	31.7	1817				27492	7849	28.5
1977	9095	4989	54.9	3163				29852	7005	23.5
1978	2820	924	32.8	1796				40169	17969	44.7
1979	6775	2870	42.4	3446				24646	9316	37.8
1980	9146	5025	54.9	3705				26111	12485	47.8
1981	8625	3973	46.1	5832				25693	12134	47.2

2-14 续表 continued

年份 Year	洪　灾 Flood Disasters							旱　灾 Drought Disasters		
	农作物受灾面积 /千公顷 Cropland Area Affected by Flood /10³hm²	农作物成灾面积 /千公顷 Cropland Area Damaged by Flood /10³hm²	成灾率 /% Percentage of Damaged Area /%	受灾人口 /万人 Affected Population /10⁴persons	死亡人口 /人 Death Toll /person	直接经济 损失/亿元 Total Direct Economic Losses /10⁸yuan	水利设施经济 损失/亿元 Economic Loss of Water Facilities /10⁸yuan	农作物受灾 面积/千公顷 Cropland Area Affected by Drought /10³hm²	农作物成灾 面积/千公顷 Cropland Area Damaged by Drought /10³ hm²	成灾率 /% Percentage of Damaged Area /%
1982	8361	4463	53.4		5323			20697	9972	48.2
1983	12162	5747	47.3		7238			16089	7586	47.2
1984	10632	5361	50.4		3941			15819	7015	44.3
1985	14197	8949	63.0		3578			22989	10063	43.8
1986	9155	5601	61.2		2761			31042	14765	47.6
1987	8686	4104	47.2		3749			24920	13033	52.3
1988	11949	6128	51.3		4094			32904	15303	46.5
1989	11328	5917	52.2		3270			29358	15262	52.0
1990	11804	5605	47.5		3589	239		18175	7805	42.9
1991	24596	14614	59.4		5113	779		24914	10559	42.4
1992	9423	4464	47.4		3012	413		32980	17049	51.7
1993	16387	8610	52.5		3499	642		21098	8659	41.0
1994	18859	11490	60.9	21523	5340	1797		30282	17049	56.3
1995	14367	8001	55.7	20070	3852	1653		23455	10374	44.2
1996	20388	11823	58.0	25384	5840	2208		20151	6247	31.0
1997	13135	6515	49.6	18067	2799	930		33514	20010	59.7
1998	22292	13785	61.8	18655	4150	2551	287	14237	5068	35.6
1999	9605	5389	56.1	13013	1896	930	132	30153	16614	55.1
2000	9045	5396	59.7	12936	1942	712	103	40541	26777	66.0
2001	7138	4253	59.6	11087	1605	623	98	38480	23702	61.6
2002	12384	7439	60.1	15204	1819	838	166	22207	13247	59.7
2003	20366	13000	63.8	22572	1551	1301	173	24852	14470	58.2
2004	7782	4017	51.6	10673	1282	714	113	17255	7951	46.1
2005	14967	8217	54.9	20026	1660	1662	249	16028	8479	52.9
2006	10522	5592	53.2	13882	2276	1333	208	20738	13411	64.7
2007	12549	5969	47.6	17698	1230	1123	177	29386	16170	55.0
2008	8867	4537	51.2	14047	633	955	172	12137	6798	56.0
2009	8748	3796	43.4	11102	538	846	148	29259	13197	45.1
2010	17867	8728	48.9	21085	3222	3745	692	13259	8987	67.8
2011	7192	3393	47.2	8942	519	1301	210	16304	6599	40.4
2012	11218	5871	52.3	12367	673	2675	468	9333	3509	37.6
2013	11901	6623	55.7	12022	775	3146	445	11220	6971	62.1
2014	5919	2830	47.8	7382	486	1574	249	12272	5677	46.3
2015	6132	3054	49.8	7641	319	1661	254	10067	5577	55.4
2016	9443	5063	53.6	10095	686	3643	698	9873	6131	62.0
2017	5196	2781	53.5	5515	316	2143	345	9946	4490	45.1
2018	6427	3131	48.7	5577	187	1615	258	7397	3667	49.6
2019	6680			4767	573	1923	409	7838	4760	60.7
2020	7190			7862	230	2670	646	5081	2759	54.3
2021	4760			5901	512	2459	481	3426	1949	56.9
2022	3414			3385	143	1289	319	6090	2858	46.9

注　2019—2022 年因洪涝农作物受灾面积、农作物成灾面积、受灾人口、死亡人口、直接经济损失，因旱农作物受灾面积、成灾面积等数据来源于应急管理部。

Note　The data on the affected area and damaged area of crops, affected population, death toll, direct economic lossesdue to floods from 2019-2022, as well as the affected area, damaged area of crops due to drought are sourced from Ministry of Emergency Management.

2-15 2022 年水旱灾害（按地区分）

Flood and Drought Disasters in 2022 (by Region)

地区	Region	洪 灾 Flood Disasters					旱 灾 Drought Disasters	
		农作物受灾面积 /千公顷 Cropland Area Affected by Flood /10³hm²	受灾人口 /万人 Affected Population /10⁴persons	死亡人口 /人 Death Toll /person	直接经济损失 /亿元 Total Direct Economic Losses /10⁸yuan	水利设施经济损失 /亿元 Economic Loss of Water Facilities /10⁸yuan	农作物受灾面积 /千公顷 Cropland Area Affected by Drought /10³hm²	农作物绝收面积 /千公顷 Cropland Area Failed by Drought /10³hm²
合 计	Total	3413.73	3385.26	143	1288.99	319.12	6090.21	611.78
北 京	Beijing		0.07					
天 津	Tianjin					0.01		
河 北	Hebei	25.32	21.46		2.31	2.53	28.14	5.50
山 西	Shanxi	142.38	113.77	7	25.27	3.26	113.42	3.55
内蒙古	Inner Mongolia	497.75	101.22	16	67.50	5.90	543.42	50.67
辽 宁	Liaoning	763.42	280.09		126.40	19.02		
吉 林	Jilin	166.59	71.32		14.29	6.82		
黑龙江	Heilongjiang	52.93	10.78	6	4.38	1.09		
上 海	Shanghai							
江 苏	Jiangsu					0.28	71.76	4.61
浙 江	Zhejiang	22.06	35.31	1	28.41	19.79	54.05	6.00
安 徽	Anhui	19.06	18.19		1.09	0.68	364.81	14.49
福 建	Fujian	60.42	107.99		168.71	30.70	26.06	2.28
江 西	Jiangxi	291.87	423.71	3	185.56	36.93	703.24	80.07
山 东	Shandong	22.33	18.55	2	10.34	4.44	1.64	
河 南	Henan	36.24	46.78	1	4.21	0.65	602.75	39.19
湖 北	Hubei	117.80	138.34		13.86	8.98	964.60	94.49
湖 南	Hunan	346.16	422.31		109.92	25.54	691.68	77.29
广 东	Guangdong	112.90	248.01	5	161.13	38.90		
广 西	Guangxi	210.77	483.44	6	130.67	27.44	113.44	7.91
海 南	Hainan	0.18	0.15		0.02	1.78		
重 庆	Chongqing	27.01	52.76	1	5.61	3.97	332.22	66.16
四 川	Sichuan	54.46	222.46	33	48.67	25.33	522.48	53.67
贵 州	Guizhou	69.72	154.27	8	43.15	5.48	265.72	26.75
云 南	Yunnan	117.58	175.83	8	29.74	6.10	169.26	26.04
西 藏	Xizang	1.67	3.99		0.31	1.35	2.95	0.17
陕 西	Shaanxi	159.33	117.90			36.58	280.95	44.06
甘 肃	Gansu	59.70	85.73	13	53.73	7.67	169.64	5.92
青 海	Qinghai	13.44	19.35	29	13.23	12.75	5.28	0.07
宁 夏	Ningxia	17.82	8.17		1.72	0.77	26.08	1.13
新 疆	Xinjiang	4.82	3.31	4	2.17	3.87	36.62	1.76
流 域 直 属	River Basin Commissions					1.58		

注 因洪涝农作物受灾面积、受灾人口、死亡人口、直接经济损失，因旱农作物受灾面积、绝收面积等数据来源于应急管理部。部分地区直接经济损失未完全包含水利工程设施经济损失。

Note The data on the affected area of crops, affected population, death toll, direct economic losses, due to flood, as well as affected area, failed area of crops due to drought are sourced from Ministry of Emergency Management. Direct economic losses in some regions do not fully include economic losses of water projects.

2-16 历年除涝面积和治碱面积

Drainage and Saline Control Areas by Year

单位：千公顷   unit: 10³hm²

年份 Year	易涝面积 Waterlogging Area	除涝面积合计 Total Drainage Control Area	3～5年一遇标准 3-5 Years Return Period	5年以上一遇标准 More than 5 Years Return Period	盐碱耕地面积 Area of Saline and Alkaline Farmland	盐碱耕地改良面积 Area of Improved Saline and Alkaline Farmland
1982	23776.67	18092.67	7210.67	10882.00	7243.33	4265.33
1983	24066.00	18200.67	7194.67	11006.00	7243.33	4391.33
1984	24235.33	18399.33	7157.33	11242.00	7357.33	4474.00
1985	24086.67	18584.00	7217.33	11366.67	7331.33	4569.33
1986	24229.33	18760.67	7430.67	11330.00	7692.00	4623.33
1987	24337.33	18958.00	7521.33	11436.67	7606.67	4755.33
1988	24348.00	19064.00	7532.00	11532.00	7636.00	4830.00
1989	24425.33	19229.33	7566.00	11663.33	7672.00	4883.33
1990	24466.67	19336.66	7671.33	11665.33	7538.67	4995.09
1991	24424.00	19580.30	8004.00	11576.30	7539.33	5110.09
1992	24410.00	19769.76	7996.88	11772.88	7617.83	5210.21
1993		19883.48	8068.40	11815.08	7633.22	5304.62
1994		19678.55	8172.43	11506.12	7655.82	5350.83
1995		20055.64	8241.97	11813.67	7655.82	5433.91
1996		20278.74	8367.67	11911.07		5513.15
1997		20525.80	8540.54	11985.26		5612.25
1998		20680.73	8645.98	12034.75		5653.94
1999		20838.48	8878.23	11960.25		5736.82
2000		20989.70	8812.76	12176.94		5841.36
2001		21021.33	8841.33	12180.00		5750.67
2002		21097.11	8916.94	12180.17		5282.86
2003		21137.31	8918.54	12218.77		5864.59
2004		21198.00				5961.56
2005		21339.74	9272.60	12067.14		
2006		21376.31	9197.50	12178.80		
2007		21419.14	9208.24	12210.90		
2008		21424.55	9334.67	12089.87		
2009		21584.32	9370.59	12213.73		
2010		21691.74	9427.39	12264.35		
2011		21721.62	9505.51	12216.11		
2012		21857.33	9515.22	12342.11		
2013		21943.10	9517.05	12426.05		
2014		22369.34	9751.38	12617.97		
2015		22712.71	9796.27	12916.44		
2016		23066.67	9704.95	13361.72		
2017		23824.33	9526.26	14298.07		
2018		24261.74	9559.06	14702.68		
2019		24529.61	9468.05	15061.56		
2020		24586.43	9515.95	15070.48		
2021		24480.02	9521.72	14958.30		
2022		24128.77	9460.91	14667.86		

2-17　2022年除涝面积（按地区分）

Drainage Control Area in 2022 (by Region)

单位：千公顷　　　　　　　　　　　　　　　　　　　　　　　　　　　　　　　　unit: 10³hm²

地区	Region	除涝面积合计 Total Drainage Control Area	3～5年一遇标准 3-5 Years Return Period	5～10年一遇标准 5-10 Years Return Period	10年以上一遇标准 More than 10 Years Return Period	新增除涝面积 Newly-increased Drainage Control Area
合　计	**Total**	**24128.77**	**9460.91**	**8863.56**	**5804.30**	**274.07**
北　京	Beijing	12.00			12.00	
天　津	Tianjin	362.11	83.87	210.90	67.34	
河　北	Hebei	1621.02	796.33	752.70	71.99	12.03
山　西	Shanxi	89.25	60.06	28.76	0.43	
内蒙古	Inner Mongolia	277.00	157.76	84.87	34.37	
辽　宁	Liaoning	931.75	179.75	407.98	344.02	
吉　林	Jilin	1043.08	149.29	363.12	530.67	9.40
黑龙江	Heilongjiang	3347.14	2361.64	961.03	24.47	
上　海	Shanghai	52.04	2.45	4.69	44.90	1.26
江　苏	Jiangsu	4030.21	173.02	1148.14	2709.05	40.55
浙　江	Zhejiang	580.89	129.04	212.77	239.08	0.01
安　徽	Anhui	2531.60	999.85	1354.31	177.44	29.78
福　建	Fujian	160.38	87.84	51.70	20.84	2.42
江　西	Jiangxi	486.61	218.10	216.07	52.44	32.31
山　东	Shandong	3066.15	1409.94	1450.59	205.62	19.62
河　南	Henan	2184.86	1696.53	465.43	22.90	6.56
湖　北	Hubei	1385.38	219.74	444.21	721.43	94.26
湖　南	Hunan	437.61	138.54	226.44	72.63	1.27
广　东	Guangdong	535.06	63.11	107.09	364.86	1.21
广　西	Guangxi	240.68	128.28	101.50	10.90	5.27
海　南	Hainan	41.64	24.98	6.80	9.86	
重　庆	Chongqing					
四　川	Sichuan	103.59	52.92	46.42	4.25	0.04
贵　州	Guizhou	137.64	54.10	69.63	13.91	8.45
云　南	Yunnan	324.91	194.45	100.44	30.02	7.52
西　藏	Xizang	5.42	1.51	3.49	0.42	1.00
陕　西	Shaanxi	103.62	67.59	30.36	5.67	0.28
甘　肃	Gansu	15.48	4.76	1.73	8.99	0.83
青　海	Qinghai					
宁　夏	Ningxia					
新　疆	Xinjiang	21.65	5.46	12.39	3.80	

2-18 2022 年除涝面积（按水资源分区分）

Drainage Control Area in 2022 (by Water Resources Sub-region)

单位：千公顷
unit: 10³hm²

水资源 一级区	Grade-I Water Resources Regions	除涝面积合计 Total Drainage Control Area	3～5 年一遇标准 3-5 Years Return Period	5～10 年一遇标准 5-10 Years Return Period	10 年以上一遇标准 More than 10 Years Return Period	新增除涝面积 Newly-increased Drainage Control Area
合 计	**Total**	**24128.77**	**9460.91**	**8863.56**	**5804.30**	**274.07**
松花江区	Songhua River	4304.17	2578.86	1238.12	487.19	
辽河区	Liaohe River	1251.50	242.44	563.22	445.84	9.40
海河区	Haihe River	3260.84	1560.59	1500.71	199.54	14.46
黄河区	Yellow River	588.75	371.62	160.07	57.06	0.98
淮河区	Huaihe River	8378.14	3056.30	3228.23	2093.61	77.94
长江区	Yangtze River	4753.42	1095.16	1648.53	2009.73	157.40
东南诸河区	Southeast Rivers	469.00	187.54	184.50	96.96	2.43
珠江区	Pearl River	976.95	281.80	301.69	393.46	7.03
西南诸河区	Southwest Rivers	123.55	81.14	26.10	16.31	4.43
西北诸河区	Northwest Rivers	22.45	5.46	12.39	4.60	

2-19　2022年除涝面积（按水资源分区和地区分）

Drainage Control Area in 2022 (by Water Resources Sub-region and Region)

单位：千公顷　　　　　　　　　　　　　　　　　　　　　　　　　　unit: 10³hm²

地区	Region	除涝面积合计 Total Drainage Control Area				新增除涝面积 Newly-increased Drainage Control Area
			3～5年一遇标准 3-5 Years Return Period	5～10年一遇标准 5-10 Years Return Period	10年以上一遇标准 More than 10 Years Return Period	
松花江区	**Songhua River**	**4304.17**	**2578.86**	**1238.12**	**487.19**	
内蒙古	Inner Mongolia	106.86	89.85	17.01		
吉　林	Jilin	850.17	127.37	260.08	462.72	
黑龙江	Heilongjiang	3347.14	2361.64	961.03	24.47	
辽河区	**Liaohe River**	**1251.50**	**242.44**	**563.22**	**445.84**	**9.40**
内蒙古	Inner Mongolia	126.84	40.77	52.20	33.87	
辽　宁	Liaoning	931.75	179.75	407.98	344.02	
吉　林	Jilin	192.91	21.92	103.04	67.95	9.40
海河区	**Haihe River**	**3260.84**	**1560.59**	**1500.71**	**199.54**	**14.46**
北　京	Beijing	12.00			12.00	
天　津	Tianjin	362.11	83.87	210.90	67.34	
河　北	Hebei	1621.02	796.33	752.70	71.99	12.03
山　西	Shanxi	32.48	21.84	10.41	0.23	
内蒙古	Inner Mongolia	0.91	0.91			
辽　宁	Liaoning					
山　东	Shandong	1028.14	491.38	491.01	45.75	
河　南	Henan	204.18	166.26	35.69	2.23	2.43
黄河区	**Yellow River**	**588.75**	**371.62**	**160.07**	**57.06**	**0.98**
山　西	Shanxi	56.77	38.22	18.35	0.20	
内蒙古	Inner Mongolia	42.39	26.23	15.66	0.50	
山　东	Shandong	117.07	27.95	43.24	45.88	
河　南	Henan	274.02	218.49	54.72	0.81	
四　川	Sichuan	0.25	0.25			
陕　西	Shaanxi	91.06	59.88	26.37	4.81	0.15
甘　肃	Gansu	7.19	0.60	1.73	4.86	0.83
青　海	Qinghai					
宁　夏	Ningxia					
淮河区	**Huaihe River**	**8378.14**	**3056.30**	**3228.23**	**2093.61**	**77.94**
江　苏	Jiangsu	3050.85	158.03	1037.66	1855.16	40.11
安　徽	Anhui	1896.68	833.79	958.29	104.60	16.28
山　东	Shandong	1920.94	890.61	916.34	113.99	19.62
河　南	Henan	1509.67	1173.87	315.94	19.86	1.93

2-19　续表　continued

地区 Region		除涝面积合计 Total Drainage Control Area				新增除涝面积 Newly-increased Drainage Control Area
			3~5年一遇标准 3-5 Years Return Period	5~10年一遇标准 5-10 Years Return Period	10年以上一遇标准 More than 10 Years Return Period	
长江区	**Yangtze River**	**4753.42**	**1095.16**	**1648.53**	**2009.73**	**157.40**
上　海	Shanghai	52.04	2.45	4.69	44.90	1.26
江　苏	Jiangsu	979.36	14.99	110.48	853.89	0.44
浙　江	Zhejiang	272.27	29.34	79.97	162.96	
安　徽	Anhui	634.92	166.06	396.02	72.84	13.50
江　西	Jiangxi	486.61	218.10	216.07	52.44	32.31
河　南	Henan	196.99	137.91	59.08		2.20
湖　北	Hubei	1385.38	219.74	444.21	721.43	94.26
湖　南	Hunan	433.48	136.10	225.24	72.14	1.27
广　西	Guangxi	3.67	1.93	1.45	0.29	
重　庆	Chongqing					
四　川	Sichuan	103.34	52.67	46.42	4.25	0.04
贵　州	Guizhou	65.00	32.38	19.80	12.82	8.06
云　南	Yunnan	120.31	71.62	41.11	7.58	3.93
西　藏	Xizang					
陕　西	Shaanxi	12.56	7.71	3.99	0.86	0.13
甘　肃	Gansu	7.49	4.16		3.33	
青　海	Qinghai					
东南诸河区	**Southeast Rivers**	**469.00**	**187.54**	**184.50**	**96.96**	**2.43**
浙　江	Zhejiang	308.62	99.70	132.80	76.12	0.01
安　徽	Anhui					
福　建	Fujian	160.38	87.84	51.70	20.84	2.42
珠江区	**Pearl River**	**976.95**	**281.80**	**301.69**	**393.46**	**7.03**
湖　南	Hunan	4.13	2.44	1.20	0.49	
广　东	Guangdong	535.06	63.11	107.09	364.86	1.21
广　西	Guangxi	237.01	126.35	100.05	10.61	5.27
海　南	Hainan	41.64	24.98	6.8	9.86	
贵　州	Guizhou	72.64	21.72	49.83	1.09	0.39
云　南	Yunnan	86.47	43.2	36.72	6.55	0.16
西南诸河区	**Southwest Rivers**	**123.55**	**81.14**	**26.10**	**16.31**	**4.43**
云　南	Yunnan	118.13	79.63	22.61	15.89	3.43
西　藏	Xizang	5.42	1.51	3.49	0.42	1.00
青　海	Qinghai					
西北诸河区	**Northwest Rivers**	**22.45**	**5.46**	**12.39**	**4.60**	
内蒙古	Inner Mongolia					
甘　肃	Gansu	0.80			0.80	
青　海	Qinghai					
新　疆	Xinjiang	21.65	5.46	12.39	3.80	

主要统计指标解释

已建成水库座数 在河道、山谷或低洼地有水源，或可从另一河道引入水源的地方修建挡水坝或堤堰，形成具有拦洪蓄水和调节水量功能且总库容大于等于10万立方米的水利工程的数量。

大型水库：总库容在1亿立方米及以上。

中型水库：总库容在1000万（含1000万）～1亿立方米。

小型水库：总库容在10万（含10万）～1000万立方米。

水库库容 从设计规模和统计角度规定如下：

（1）总库容：即校核水位以下的库容。包括死库容、兴利库容、防洪库容（减掉和兴利库容重复部分）之综合。

（2）兴利库容：一般为正常高水位至死水位之间的库容。

（3）调洪库容或防洪库容：指校核洪水位与防洪限制水位（也叫汛期限制水位）之间的库容。防汛限制水位是水库在汛期的下限水位，这个水位以上的库容在汛期专供滞蓄防洪标准内的洪水使用，洪水到来之前水库蓄水不允许超过此水位。

堤防长度 建成或基本建成的在江、河、湖、海岸边用于防洪、防潮的工程长度之总和，包括新中国成立前建成以及需要加固加高培厚的老堤防，但不包括单纯除涝河道的堤防和弃土形成的堤防，也不包括子埝和生产堤。所谓基本建成，是指按设计标准已经完成并能发挥设计效益，但还留有少量尾工的工程。

堤防保护人口 报告期堤防保护范围内的全部人口数。也就是假设河流在设计最大洪水通过时，如没有堤防或一旦堤防决口，所能淹及的最大范围内在报告期当年年末的全部人口数。

堤防保护耕地面积 堤防保护范围内的耕地面积。即按设计最大洪水通过时，假设不修堤防的情况下，洪水所能淹及的最大范围内的耕地面积。

累计达标堤防长度 根据《防洪标准》（GB 50201—2014）和江河防洪规划，已达到国家所认定的堤防等级的堤防长度。根据《防洪标准》（GB 50201—2014）规定，由于堤防保护的耕地面积和人口不同，以及城市、工矿企业、交通干线等防护对象的重要性程度不同，堤防工程的防洪标准不一样。达标堤防是指按《堤防工程设计规范》（GB 50286—2013）进行堤防工程标准设计，施工完成后达到设计规定要求的堤防。

堤防工程的级别 按防洪标准分为五个级别。堤防工程防护对象的防洪标准应按照《防洪标准》（GB 50201—

2014）确定。

主要堤防 保护耕地面积在30万亩以上（包括30万亩）或保护重要工矿、企业、交通干线、国防设施、机场、主要城镇的河道堤防及海堤（海塘）。

水闸数量 水利工程中用以控制流水、水位、通航的水工建筑物的数量。关闭或开启闸门起到调节闸上、下游水位，控制泄流以达到防洪、引水、排水、通航、发电等作用。按流量划分：大型水闸指最大过闸流量1000立方米每秒及以上水闸；中型水闸指最大过闸流量100～1000立方米每秒的水闸；小型水闸指最大过闸流量10～100立方米每秒的水闸。

分洪闸 为了保护河道下游堤防及重要城镇、工厂、矿区的安全，在河道遇到特大洪水时宣泄部分洪水进入湖泊、洼地等分洪区（或滞洪区）中，以削减洪峰，免除洪水泛滥所造成的灾害而在河岸边修的水闸。

节制闸 为控制河渠、湖泊水位，保证引水、供水要求而修建的水闸。这种闸一般是拦河、渠而修建的，又称拦河闸。

排水闸 为排除内涝积水在河道两岸修建的闸，或在分洪区（或滞洪）出口处设置的尾水闸、退水闸。

引水闸（渠首闸） 从河流、湖泊、水库中引水进行灌溉、发电等而在引水源口处设置的水闸，其功能主要是引水。

挡潮闸 在沿海河口附近修建的发挥排水、挡潮作用的水闸。

洪涝灾害 因降雨、融雪、冰凌、溃坝（堤）、风暴潮、热带气旋等造成的江河洪水、渍涝、山洪、滑坡和泥石流等，以及由其引发的次生灾害。

农作物受灾面积 因洪涝灾害造成在田农作物产量损失一成（含一成）以上的播种面积（含成灾、绝收面积），同一地块的当季农作物遭受一次以上洪涝灾害时，只计其中最严重的一次。

农作物成灾面积 因洪涝灾害造成在田农作物受灾面积中，产量损失三成（含三成）以上的播种面积（含绝收面积）。

干旱灾害 因降水少、水资源短缺，对城乡居民生活、工农业生产造成直接影响的旱情，以及旱情发生后给工农业生产造成的旱灾损失。

农作物受灾面积 在受旱面积中作物产量比正常年产量减产一成以上的面积。

农作物成灾面积 在受旱面积中作物产量比正常年产量减产三成（含三成）以上的面积。

除涝面积 通过水利工程如围埝、抽水等对易涝面

积进行治理，使易涝耕地免除淹涝的面积称除涝面积。按除涝的标准分为 3～5 年一遇标准、5～10 年一遇标准和 10 年以上一遇标准。易涝面积虽经过治理，但标准尚未达到 3 年一遇标准的，不作为除涝面积统计。

盐碱耕地面积　土壤中含有盐碱、影响农作物生长甚至接近不能耕种的面积。

盐碱耕地改良面积　在新、老盐碱耕地上进行水利、农业和土壤改良等措施，在正常年景使农作物出苗率达到 70%以上的面积。

Explanatory Notes of Main Statistical Indicators

Number of completed reservoirs Build water retaining dams or embankments in rivers, valleys, or low-lying areas where water sources are available, or where water sources can be introduced from another river, to form a number of water projects with flood retention, water storage, and water regulation functions. A total storage capacity of 100,000 cubic meters or more.

Large reservoir: the total storage capacity is over 100 million m³ (including 100 million m³).

Medium reservoir: the total storage capacity is between 10 million m³ (including 10 million m³) to 100 million m³.

Small reservoir: the total storage capacity is between 0.1 million m³ (including 0.1 million m³) to 10 million m³.

Storage capacity of reservoir Following indicators are defined according to the scale of design and needs of statistics.

1. Total storage capacity: refers to storage capacity under the check water level. Total storage capacity includes dead storage capacity, usable storage capacity, and flood control storage capacity (deducting the repeating part of usable storage).

2. Usable storage capacity: refers to storage capacity between levels of normal high to dead water.

3. Flood regulation capacity or flood control storage capacity: refers to storage capacity between check floodwater to floodwater limit (also termed limited water level in flood season). Floodwater limit refers to the lowest level of reservoir in flood season, which is used to store and detain floods specified by flood control standard; before flood-water comes, water level of reservoirs is not allowed to exceed this limit.

Length of embankment Total length of embankment is the sum of completed or mostly completed levees or dykes along a river and lake, sea dike, polder and flood control wall etc., including old embankments built before the founding of People's Republic of China in 1949 and those need to be strengthened, heightened and thickened, but excluding embankment purely for waterlogging control and spoil dike, as well as sub-cofferdam or production dikes. Mostly completed embankment refers to a project that has a few of works to end up, but it can put into use and generate benefit according to design standard.

Protected population of embankment Total population protected by embankment during report period. In another word, the total population inundated by flood as a maximum at the end of the year when the design maximum flood passes river courses and if no embankment or break of embankment exists.

Protected farmland of embankment Cultivated land under the protection of embankment, i.e. inundated farmland of flood as a maximum if design maximum flood passes and no embankment exists.

Accumulated length of up-to-standard embankment Total length of embankment that has reached national standard, in accordance of *National Standards for Flood Control* (GB 50201-2014) and river flood control planning. According to the current *National Standards for Flood Control* (GB 50201-2014), the standards of embankment can be varied in accordance with protected cultivated area or population and importance of protected target such as a city, industrial and mining enterprises or key transportation line. Up-to-standard embankment refers to those designed and constructed according to *Code for Desigh of Levee Project* (GB 50286-2013), and meet all requirements of original design upon completion.

Classification of embankment Embankment is classified into five categories according to flood control standards; the category of embankment for a protected target is determined according to the current *National Standards for Flood Control* (GB 50201-2014).

Key embankment and dyke Embankment or levees along the river or sea dikes used for protecting farmlands of above 300,000 mu (including 300,000 mu), or important pastures land, and those areas less than 300,000 mu but where have important mine, enterprise, transportation line, national defense facilities, airport and key cities and towns.

Number of water gates Number of hydraulic structures employed for controlling flow and water level or for navigation. When the gate is open or close, water level at upper and down stream and discharge can be controlled in order to realize flood prevention, water diversion, drainage, navigation, and power generation. According to water flow, large size refers to the gate with a check flow of 1,000 m³/s or above; medium size refers to gate with a check flow of 100-1,000 m³/s, and small size refers to gate with a check flow of 10-100 m³/s.

Flood diversion gates Water gates are constructed beside river banks to protect the safety of dikes, major cities, factories, mines in lower reaches, and drain water into lakes, low ground or flood detention basins, in order to reduce flood peak and prevent flooding when severe flood happens.

Control gates Water gates are built to control water level of rivers, canals or lakes to ensure water diversion and water supply. Water control gates are also termed barrage gates.

Drainage gates Water gates are located beside river banks to drain waterlogging, or constructed in the outlets of flood detention basins (flood retarding gates) as tail locks and waste locks.

Water diversion gates (head gates) Water gates are built in water sources to divert water from rivers, lakes and reservoirs to irrigate, generate hydropower, etc., but its main purpose is to divert water.

Tide gates Water gates are located in coastal estuaries to drain water or prevent tides.

Flood & waterlogging disasters River flood, waterlogging or inland inundation, mountain flood, landslide and mudflow caused by rainfall, snow melting, river ice jam, dam failure, storm tide and tropical cyclone, as well as secondary disasters induced by them.

Cropland are affected by flood Cultivated area (including damaged area and no harvest area) where loss of crop yield is more than 10% (including 10%) due to flood and waterlogging disasters; the most serious damage is calculated only when crop in same land suffer from more than one flood and waterlogging disaster during the same season.

Cropland area damaged by flood Cultivated area (including no harvest area) where loss of crop yield is more than 30% (including 30%) due to flood and waterlogging disasters.

Drought disaster It refers to a disaster that results in direct impact on life of people, industrial and agricultural production in urban and rural areas because of less precipitation and water shortage.

Cropland area affected by drought It refers to drought-affected area where loss of crop yield is 10% more than normal years.

Cropland area damaged by drought It refers to drought-affected area where loss of crop yield is 30% more (including 30%) than normal years.

Drainage control area The area of prone-waterlogging farmland controlled by waterworks such as cofferdams and water pump. The standard for waterlogging control is divided into 3-5 years, 5-10 years and above 10 years. Drainage control area do not include the farmland that has not reach to the waterlogging control standard of once in three years return period, even though efforts have been made to make improvement.

Area of saline and alkaline farmland The area cannot be or almost cannot be cultivated because the soil contains salt and alkaline that affects the growing of crops.

Reclaimed area of saline and alkaline farmland The reclaimed area of old or newly-emerged saline and alkaline farmlands that have a percentage of seedling emergence at and above 70% in normal years, thanks to the measure of water conservation, agricultural technology and soil improvement.

3 农业灌溉

Agricultural Irrigation

简 要 说 明

农业灌溉统计资料主要包括农田水利设施的数量和产生的效益，分为灌溉面积、灌区、机电排灌站以及节水灌溉面积等四大类。

农业灌溉资料按水资源一级分区和地区分组。

1. 灌溉面积统计范围：已建成或基本建成的灌溉工程、水利综合利用工程、农田水利工程的灌溉面积，包括水利、农业等部门建设的灌溉面积。

2. 按耕地灌溉面积达到万亩以上的统计口径调整2008 年数据；2012 年，灌区统计口径调整为设计灌溉面积 2000 亩及以上灌区。

3. 节水灌溉面积只统计利用工程措施节水的面积。

4. 万亩以上灌区、机电排灌站历史资料汇总 1974 年至今数据；灌溉面积历史资料汇总 1949 年至今数据；农田排灌机械、机电灌溉面积历史资料汇总 1949—2012 年数据；机电井历史资料汇总 1961 年至今数据。

5. 灌溉面积、灌区、机电井数据已与 2011 年水利普查数据进行了衔接。

Brief Introduction

Agricultural irrigation statistics mainly include the number and benefits of farmland water conservancy facilities, which are divided into four categories: irrigation area, irrigation district, electromechanical drainage and irrigation station and water-saving irrigation area.

Agricultural irrigation data are grouped according to Grade-I water resources regions and districts.

1. Statistical scope of irrigation area: irrigation area of irrigation projects that have been completed or basically completed, comprehensive utilization of water conservancy projects and farmland water conservancy projects, including irrigation area constructed by water conservancy, agriculture and other departments.

2. The data of 2008 were adjusted according to the statistical caliber of irrigated land reaching more than 10,000 mu. In 2012, the statistical caliber of irrigated areas was adjusted to irrigated areas with a designed irrigation area of 2,000 mu or more.

3. The water-saving irrigation area only counts the area that uses the engineering measures to save water.

4. Historical data of irrigation district with an irrigated area up to ten thousand mu as well as electro-mechanical drainage stations are collected from 1974 until to present. Historical data of irrigated area are collected from 1949 until to present; farmland mechanical equipment for irrigation and drainage, electro-mechanical irrigated area are collected from 1949 to 2012; historical data of electro-mechanical wells are collected from 1961 until to present.

5. The data of irrigated area, irrigation district and electro-mechanical wells have been connected with the First National Water Census in 2011.

3-1 主 要 指 标
Key Indicators

指标名称	Item	单位	unit	2011	2012	2013	2014	2015	2016	2017	2018	2019	2020	2021	2022
灌溉面积	Irrigated Area	千公顷	10^3hm^2	67743	67783	69481	70652	72061	73177	73946	74542	75034	75687	78315	79036
耕地灌溉面积	Irrigated Area of Cultivated Land	千公顷	10^3hm^2	61682	62491	63473	64540	65873	67141	67816	68272	68679	69161	69609	70359
占耕地面积①	In Total Cultivated Land①	%	%	50.8	51.3	52.9	53.8	48.8	49.8	50.3	50.7	51.0	51.3	51.6	52.1
林地灌溉面积	Irrigated Area of Forest Land	千公顷	10^3hm^2	1899	1767	2111	2229	2211	2388	2403	2510	2601	2672		3722
果园灌溉面积	Irrigated Area of Orchard Garden	千公顷	10^3hm^2	2178	2190	2315	2376	2433	2572	2624	2646	2653	2705		4103
牧草灌溉面积	Irrigated Area of Grassland	千公顷	10^3hm^2	1265	819	1059	1092	1079	1076	1104	1115	1102	1150		853
耕地实灌面积	Actual Irrigated Cultivated Land	千公顷	10^3hm^2	53982		53105	54975	56739	58107	58553	58574	57914	58352	58322	58758
占耕地灌溉面积	In Irrigated Area of Cultivated Land	%	%	87.5		83.7	85.2	86.1	86.5	86.3	85.8	84.3	84.4	83.8	83.5
节水灌溉面积	Water-saving Irrigated Area	千公顷	10^3hm^2	29179	31217	27109	29019	31060	32847	34319	36135	37059	37796		
万亩以上灌区	Irrigation District with an Area of 10,000 mu and above	处	unit	5824	7756	7709	7709	7773	7806	7839	7881	7884	7713	7326	
其中：30万亩以上	Among Which: Irrigated Area up to 300,000 mu and above	处	unit	348	456	456	456	456	458	458	461	460	454	450	
万亩以上灌区耕地灌溉面积	Irrigated Area of Cultivated Land of Irrigation District with an Area of 10,000 mu and above	千公顷	10^3hm^2	29748	30191	30216	30256	32302	33045	33262	33324	33501	33638	35499	
其中：30万亩以上	Among Which: Irrigated Area up to 300,000 mu and above	千公顷	10^3hm^2	15786	11260	11252	11251	17686	17765	17840	17799	17995	17822	17868	

① 耕地面积按国家统计局《2017年中国统计年鉴》数据20.2381亿亩。
① The data of cultivated land is 20.2381×10⁸ mu, and sourced from *China Statistical Yearbook 2017*.

3-2 历年万亩以上灌区数量和耕地灌溉面积

Irrigation Districts with an Area above 10,000 mu by Year

年份 Year	合计 Total		#50 万亩以上灌区 Irrigation Districts with an Area up to 500,000 mu and above		#30 万~50 万亩灌区 Irrigation Districts with an Area from 300,000 to 500,000 mu	
	处数 /处 Number /unit	耕地灌溉面积 /千公顷 Irrigated Area of Cultivated Land /10³hm²	处数 /处 Number /unit	耕地灌溉面积 /千公顷 Irrigated Area of Cultivated Land /10³hm²	处数 /处 Number /unit	耕地灌溉面积 /千公顷 Irrigated Area of Cultivated Land /10³hm²
1981	5247	20363	66	5720	71	1777
1982	5252	20578	66	5788	72	1825
1983	5288	20941	67	5941	76	1789
1984	5319	20775	71	5994	69	1738
1985	5281	20777	71	5996	66	1670
1986	5299	20869	70	5988	71	1793
1987	5343	21144	70	6014	75	1889
1988	5302	21075	71	6066	75	1877
1989	5331	21177	72	6119	78	1933
1990	5363	21231	72	6048	76	1896
1991	5665	23292	73	6169	91	2186
1992	5531	23632	74	6184	92	2270
1993	5567	24483	74	6239	92	2318
1994	5523	22353	74	6288	98	2429
1995	5562	22499	74	6314	99	2444
1996	5606	22062	75	6150	108	2665
1997	5579	22495	77	6408	115	2862
1998	5611	22747	79	6692	114	2769
1999	5648	23580	90	7632	123	3093
2000	5683	24493	101	7883	141	3440
2001	5686	24766	108	8617	169	4054
2002	5691	25030	110	9158	168	4072
2003	5729	25244	112	9381	169	4084
2004	5800	25506	111	9714	169	4057
2005	5860	26419	117	10230	170	4080
2006	5894	28021	119	10520	166	4092
2007	5869	28341	120	10519	174	4148
2008	5851	29440	120	10768	205	4633
2009	5844	29562	125	10828	210	4747
2010	5795	29415	131	10918	218	4740
2011	5824	29748	129	10990	219	4796
2012	7756	30191	177	6243	280	5017
2013	7709	30216	176	6241	280	5010
2014	7709	30256	176	6241	280	5010
2015	7773	32302	176	12024	280	5663
2016	7806	33045	177	12335	281	5430
2017	7839	33262	177	12416	281	5425
2018	7881	33324	175	12399	286	5400
2019	7884	33501	176	12609	284	5386
2020	7713	33638	172	12344	282	5478
2021	7326	35499	154	12209	296	5659

3-3　历年机电井眼数和装机容量

Number and Installed Capacity of Mechanical and Electrical Wells by Year

年份 Year	机电井眼数 /万眼 Number of Mechanical and Electrical Wells /10⁴unit	#灌溉机电井/万眼 Mechanical and Electrical Wells for Irrigation/10⁴unit	配套机电井眼数 /万眼 Number of Counterpart Mechanical and Electrical Wells /10⁴unit	#灌溉机电井/万眼 Mechanical and Electrical Wells for Irrigation/10⁴unit	配套机电井装机容量 /千千瓦 Installed Capacity of Counterpart Mechanical and Electrical Wells /10³kW	#灌溉机电井/千千瓦 Mechanical and Electrical Wells for Irrigation/10³ kW
1969		74.87		43.41		
1970		91.89		62.70		
1971		113.31		80.67		
1972		134.91		100.76		
1973		170.02		130.35		
1974		194.62		157.09		
1975		217.46		181.75		15765
1976		240.73		203.32		18200
1977		254.59		210.88		18463
1978		265.87		221.83		20732
1979		273.25		229.37		20616
1980		269.10		229.06		20740
1981		266.47		229.77		21228
1982		271.46		234.31		21901
1983		278.12		241.30		22814
1984		279.86		240.31		22857
1985		277.00		237.04		23151
1986		276.65		236.39		22774
1987		282.31		243.02		23706
1988		291.83		251.90		25378
1989		305.47		263.29		25932
1990		314.92		273.11		26594
1991		324.64		283.27		26451
1992		335.39		294.58		27257
1993		342.48		302.16		27648
1994		345.59		306.30		27988
1995		355.91		316.98		29001
1996		373.00		332.55		30468
1997		399.84		355.07		32215
1998		417.88		371.75		33606
1999		434.06		386.67		35242
2000		444.81		398.96		35908
2001		454.66		409.23		41329
2002		465.57		418.35		37692
2003		470.94		422.43		37741
2004		475.58		426.24		38411
2005		478.57		428.20		38871
2006		485.85		436.53		40718
2007	511.80	484.90	461.39	438.84	46286	40894
2008	522.58	488.74	474.12	443.86	46571	41505
2009	529.31	493.82	482.56	450.80	49859	42356
2010	533.71	501.21	487.20	458.18	51446	43215
2011	541.38	507.90	494.83	464.94	54048	43757
2012	454.33					
2013	458.36					
2014	469.11					
2015	483.25					
2016	487.18					
2017	495.98					
2018	510.09					
2019	511.73					
2020	517.34					
2021	522.20					
2022	522.00					

注　2006 年以前（含 2006 年）只统计灌溉机电井，2007 年以后还包括供水机电井。

Note　Before 2006 (including 2006), the statistical data only includes mechanical and electrical wells for irrigation; after 2007 it also include wells for water supply.

3-4　历年灌溉面积

Irrigated Area by Year

单位：千公顷 　　　　　　　　　　　　　　　　　　　　　　　　　　　　　　　　　　　　　unit: 10³hm²

年份 Year	灌溉面积总计 Total Irrigated Area	耕地 灌溉面积 Irrigated Area of Cultivated Land	林地 灌溉面积 Irrigated Area of Forest	果园 灌溉面积 Irrigated Area of Orchard Garden	牧草 灌溉面积 Irrigated Area of Pasture	其他 灌溉面积 Others	耕地实灌面积 Actual Irrigated Area	旱涝保收面积 Harvest Area Guaranteed in Case of Flood and Drought
1975		46120.7					39281.3	
1976		45463.3					40825.3	
1977		48186.7					40559.3	
1978		48053.3					41714.7	
1979		48318.7					41663.3	
1980		48888.0					39906.0	
1981		48600.0					39656.7	
1982		48663.3					40177.3	
1983		48546.0					39383.3	
1984		48400.0					39933.3	
1985		47932.7					38671.3	
1986		47872.7					39938.0	
1987		47966.7					39861.3	33349.3
1988		47980.7					41188.7	33570.7
1989		48337.3					40695.3	33994.0
1990		48389.3					41437.3	34365.3
1991		48951.3					42884.0	34720.0
1992		49464.0					43501.3	35374.0
1993		49839.3					42914.0	35631.3
1994		49938.0					43610.7	36140.0
1995		50412.7					44102.0	36636.0
1996		51160.7					44768.7	37187.3
1997		52268.7					46187.3	38102.0
1998		53400.0					47036.0	38760.7
1999		54366.0					47709.3	39375.3
2000	59341.6	55013.2	1072.8	1601.3	1001.3	653.0	47965.2	40164.3
2001	60025.4	55517.0	1136.5	1665.7	1035.9	670.1	48398.4	40532.2
2002	60753.1	55857.9	1252.0	1759.6	1194.9	660.9	48434.6	40594.9
2003	61056.1	55900.6	1468.2	1835.1	1186.7	665.5	47383.2	40852.5
2004	61511.2	56252.1	1573.3	1862.5	1185.0	638.3	47783.9	40740.6
2005	61897.9	56562.4	1636.6	1861.0	1172.0	672.5	47968.7	41337.7
2006	62559.1	57078.4	1562.1	1988.6	1201.2	728.8	49024.5	41335.0
2007	63413.5	57782.4	1598.4	2039.4	1225.5	767.8	49936.9	41745.7
2008	64119.7	58471.7	1648.9	2065.0	1214.4	719.7	50665.5	42024.9
2009	65164.6	59261.5	1774.7	2088.6	1246.9	793.0	51806.6	42358.2
2010	66352.3	60347.7	1821.9	2151.4	1257.6	773.7	52589.0	42871.5
2011	67742.9	61681.6	1899.2	2178.2	1264.7	719.2	53982.2	43383.4
2012	67782.7	62490.5	1766.8	2189.8	819.4	516.2		
2013	69481.4	63473.3	2111.3	2315.1	1059.4	522.2	53105.4	
2014	70651.7	64539.5	2228.7	2376.2	1092.4	414.8	54974.9	
2015	72060.8	65872.6	2211.1	2433.3	1079.2	464.5	56739.4	
2016	73176.9	67140.6	2388.4	2571.9	1076.0		58107.0	
2017	73946.1	67815.6	2402.7	2623.6	1104.2		58553.3	
2018	74541.8	68271.6	2510.0	2645.6	1114.6		58573.6	
2019	75034.2	68678.6	2600.7	2653.3	1101.5		57913.5	
2020	75687.1	69160.5	2671.9	2704.7	1150.1		58351.7	
2021	78314.8	69609.5		8700.6（林、果、牧合计）			58321.9	
2022	79036.4	70358.9	3721.9	4103.0	852.6		58758.3	

3-5　历年人均耕地灌溉面积和机电灌溉占耕地灌溉比重

Irrigated Area Per Capita and Proportion of Mechanical & Electrical Equipment in Irrigated Area by Year

年份 Year	人均耕地灌溉面积/亩每人 Irrigated Area Per Capita/(mu/person)		机电排灌面积占耕地灌溉面积的比重/% Proportion of Electromechanical Drainage and Irrigation Area in Irrigated Area /%
	按总人口 Based on Total Population	按乡村人口 Based on Total Rural Population	
1951	0.49	0.58	
1952	0.50	0.59	1.6
1953	0.57	0.67	
1954	0.58	0.68	
1955	0.60	0.71	
1957	0.58	0.69	4.8
1962	0.64	0.77	
1965	0.66	0.80	25.3
1972	0.70	0.83	
1973	0.74	0.87	
1974	0.76	0.89	
1975	0.75	0.89	51.8
1976	0.79	0.93	
1977	0.76	0.90	
1978	0.75	0.89	52.7
1979	0.74	0.89	54.4
1980	0.74	0.90	54.1
1982	0.72	0.87	54.1
1983	0.71	0.87	54.3
1984	0.70	0.87	54.1
1985	0.69	0.86	54.9
1986	0.68	0.80	55.0
1987	0.67	0.84	55.7
1988	0.66	0.83	55.8
1989	0.66	0.83	55.9
1990	0.63	0.81	56.3
1991	0.64	0.82	56.1
1992	0.64	0.82	57.4
1993	0.63	0.83	57.3
1994	0.63	0.83	57.4
1995	0.62	0.82	57.7
1996	0.63	0.83	58.2
1997	0.63	0.86	58.6
1998	0.64	0.88	59.1
1999	0.65	0.86	59.2
2000	0.65	0.87	59.3
2001	0.65	0.89	59.4
2002	0.66	0.90	59.5
2003	0.65	0.89	59.6
2004	0.65	0.90	58.4
2005	0.65	0.89	66.9
2006	0.65	0.90	65.8
2007	0.66	1.19	67.0
2008	0.66	1.22	67.2
2009	0.67	1.25	67.5
2010	0.68	1.34	67.5
2011	0.69	1.41	67.2
2012	0.69	1.46	68.0
2013	0.70	1.51	
2014	0.71	1.56	
2015	0.72	1.64	
2016	0.73	1.71	
2017	0.73	1.72	
2018	0.73	1.82	
2019	0.74	1.87	
2020	0.73	2.03	
2021	0.74	2.10	
2022	0.75	2.12	

 Agricultural Irrigation

3-6 2022年灌溉面积（按地区分）
Irrigated Area in 2022 (by Region)

单位：千公顷   unit: 10³hm²

地区	Region	灌溉面积 总计 Total Irrigated Area	耕地灌溉面积 Irrigated Area of Cultivated Land	林地灌溉面积 Irrigated Area of Forest	园地灌溉面积 Irrigated Area of Orchard Garden	牧草地灌溉面积 Irrigated Area of Pasture	耕地实灌面积 Actual Irrigated Area
合 计	Total	79036	70359	3722	4103	853	58758
北 京	Beijing	224	112	73	38	1	89
天 津	Tianjin	334	294	28	11		248
河 北	Hebei	4592	4103	220	259	10	3590
山 西	Shanxi	1626	1502	60	59	5	1436
内蒙古	Inner Mongolia	4816	4379	137	43	258	3480
辽 宁	Liaoning	1833	1717	10	102	4	1231
吉 林	Jilin	1937	1906	3	13	14	1395
黑龙江	Heilongjiang	6169	6153	8	3	4	4456
上 海	Shanghai	177	161	16			161
江 苏	Jiangsu	4888	3852	734	216	86	3702
浙 江	Zhejiang	1425	1226	67	132	0.1	1087
安 徽	Anhui	4858	4576	143	127	12	3757
福 建	Fujian	1625	855	92	667	11	797
江 西	Jiangxi	2294	2166	40	88		1741
山 东	Shandong	6012	5209	375	423	5	4490
河 南	Henan	5906	5623	216	63	4	4603
湖 北	Hubei	3417	3209	106	95	7	2834
湖 南	Hunan	3042	2876	114	51	1	2426
广 东	Guangdong	1823	1560	55	205	3	1392
广 西	Guangxi	1750	1549	73	126	2	1296
海 南	Hainan	384	330	31	22	1	228
重 庆	Chongqing	773	670	62	42	0.01	418
四 川	Sichuan	3394	2976	191	217	10	2475
贵 州	Guizhou	1207	1185	3	16	2	982
云 南	Yunnan	2170	2035	38	89	7	1659
西 藏	Xizang	524	305	49	22	149	246
陕 西	Shaanxi	1446	1162	47	210	27	998
甘 肃	Gansu	1557	1349	131	46	30	1236
青 海	Qinghai	301	222	52	2	26	179
宁 夏	Ningxia	705	561	44	81	20	561
新 疆	Xinjiang	7829	6535	503	634	156	5564

3-7 2022年灌溉面积（按水资源分区分）

Irrigated Area in 2022 (by Water Resources Sub-region)

单位：千公顷 unit: 10³hm²

水资源 一级区	Grade-Ⅰ Water Resources Sub-region	灌溉面积 总计 Total Irrigated Area	耕地 灌溉面积 Irrigated Area of Cultivated Land	林地 灌溉面积 Irrigated Area of Forest	园地 灌溉面积 Irrigated Area of Orchard Garden	牧草地 灌溉面积 Irrigated Area of Pasture	耕地 实灌面积 Actual Irrigated Area
合 计	Total	79036	70359	3722	4103	853	58758
松花江区	Songhua River	8824	8755	12	16	41	6090
辽河区	Liaohe River	3826	3496	81	141	108	2842
海河区	Haihe River	8246	7309	534	377	26	6478
黄河区	Yellow River	6707	5916	281	376	134	5337
淮河区	Huaihe River	14101	12745	724	589	44	10653
长江区	Yangtze River	18952	17015	1107	743	88	14433
东南诸河区	Southeast Rivers	2784	1848	148	777	11	1675
珠江区	Pearl River	4753	4229	151	366	7	3570
西南诸河区	Southwest Rivers	1599	1334	56	66	144	1065
西北诸河区	Northwest Rivers	9243	7712	628	653	251	6614

3-8 2022 年灌溉面积（按水资源分区和地区分）

Irrigated Area in 2022 (by Water Resources Sub-region and Region)

单位：千公顷   unit: 10³hm²

地区 Region		灌溉面积 总计 Total Irrigated Area	耕地 灌溉面积 Irrigated Area of Cultivated Land	林地 灌溉面积 Irrigated Area of Forest	园地 灌溉面积 Irrigated Area of Orchard Garden	牧草地 灌溉面积 Irrigated Area of Pasture	耕地 实灌面积 Actual Irrigated Area
松花江区	**Songhua River**	**8824**	**8755**	**12**	**16**	**41**	**6090**
内蒙古	Inner Mongolia	915	891	1	0.1	23	340
吉　林	Jilin	1740	1711	3	13	13	1295
黑龙江	Heilongjiang	6169	6153	8	3	4	4456
辽河区	**Liaohe River**	**3826**	**3496**	**81**	**141**	**108**	**2842**
内蒙古	Inner Mongolia	1808	1595	70	38	104	1519
辽　宁	Liaoning	1822	1706	10	102	4	1224
吉　林	Jilin	196	195	0.5	1	0.2	100
海河区	**Haihe River**	**8246**	**7309**	**534**	**377**	**26**	**6478**
北　京	Beijing	224	112	73	38	1	89
天　津	Tianjin	334	294	28	11		248
河　北	Hebei	4592	4103	220	259	10	3590
山　西	Shanxi	576	557	11	4	4	541
内蒙古	Inner Mongolia	87	78	1		9	73
辽　宁	Liaoning	11	10		0.4		7
山　东	Shandong	1738	1541	145	49	3	1420
河　南	Henan	685	613	57	16		511
黄河区	**Yellow River**	**6707**	**5916**	**281**	**376**	**134**	**5337**
山　西	Shanxi	1050	945	49	55	1	895
内蒙古	Inner Mongolia	1718	1590	55	4	69	1405
山　东	Shandong	343	309	14	19	1	285
河　南	Henan	934	899	19	15	0.2	838
四　川	Sichuan	8	5.9			2	3.1
陕　西	Shaanxi	1253	1014	36	176	27	862
甘　肃	Gansu	503	438	35	24	6	364
青　海	Qinghai	193	154	29	1	8	125
宁　夏	Ningxia	705	561	44	81	20	561
淮河区	**Huaihe River**	**14101**	**12745**	**724**	**589**	**44**	**10653**
江　苏	Jiangsu	3324	2873	299	117	35	2736
安　徽	Anhui	3118	2952	73	89	4	2322
山　东	Shandong	3931	3359	217	354	1	2786
河　南	Henan	3728	3561	135	29	4	2809

3-8　续表　continued

地区	Region	灌溉面积 总计 Total Irrigated Area	耕地 灌溉面积 Irrigated Area of Cultivated Land	林地 灌溉面积 Irrigated Area of Forest	园地 灌溉面积 Irrigated Area of Orchard Garden	牧草地 灌溉面积 Irrigated Area of Pasture	耕地 实灌面积 Actual Irrigated Area
长江区	**Yangtze River**	**18952**	**17015**	**1107**	**743**	**88**	**14433**
上　海	Shanghai	177	161	16			161
江　苏	Jiangsu	1563	979	435	99	51	966
浙　江	Zhejiang	274	241	11	21		217
安　徽	Anhui	1733	1617	70	38	8	1427
江　西	Jiangxi	2294	2166	40	88		1741
河　南	Henan	558	550	5	3		446
湖　北	Hubei	3417	3209	106	95	7	2834
湖　南	Hunan	2975	2810	113	51	1	2380
广　西	Guangxi	61	44	12	6	0.1	41
重　庆	Chongqing	773	670	62	42	0.01	418
四　川	Sichuan	3386	2970	191	217	8	2472
贵　州	Guizhou	858	843	3	11	0.3	706
云　南	Yunnan	639	576	27	31	5	463
西　藏	Xizang	16	8	1	1	6	8
陕　西	Shaanxi	193	148	11	35	0.4	137
甘　肃	Gansu	30	23	3	5		18
青　海	Qinghai	3	2	0.4		1	
东南诸河区	**Southeast Rivers**	**2784**	**1848**	**148**	**777**	**11**	**1675**
浙　江	Zhejiang	1151	985	56	110	0.1	870
安　徽	Anhui	8	7	0.3			7
福　建	Fujian	1625	855	92	667	11	797
珠江区	**Pearl River**	**4753**	**4229**	**151**	**366**	**7**	**3570**
湖　南	Hunan	67	66	1	0.2		46
广　东	Guangdong	1823	1560	55	205	3	1392
广　西	Guangxi	1689	1506	61	120	2	1255
海　南	Hainan	384	330	31	22	1	228
贵　州	Guizhou	349	342	0.1	5	1	276
云　南	Yunnan	441	425	3	14	0.2	372
西南诸河区	**Southwest Rivers**	**1599**	**1334**	**56**	**66**	**144**	**1065**
云　南	Yunnan	1089	1035	8	45	2	824
西　藏	Xizang	508	296	48	21	142	239
青　海	Qinghai	3	3				3
西北诸河区	**Northwest Rivers**	**9243**	**7712**	**628**	**653**	**251**	**6614**
内蒙古	Inner Mongolia	288	225	9	0.4	53	144
甘　肃	Gansu	1024	889	93	18	25	855
青　海	Qinghai	103	63	22	0.3	17	51
新　疆	Xinjiang	7829	6535	503	634	156	5564

主要统计指标解释

万亩以上灌区处数　在蓄水、引水、提水等灌溉工程中，灌溉设备齐全、渠系配套完整，自成灌溉体系，有统一管理的灌溉区域的数量。

灌溉面积　一个地区当年农、林、牧等灌溉面积的总和。总灌溉面积=耕地灌溉面积+林地灌溉面积+果园灌溉面积+牧草灌溉面积+其他灌溉面积。

耕地灌溉面积　灌溉工程或设备已基本配套，有一定水源，土地比较平整，在一般年景可以进行正常灌溉的农田或耕地灌溉面积。

耕地实灌面积　利用灌溉工程和设施，在耕地灌溉面积中当年实际已进行正常（灌水一次以上）灌溉的耕地面积。在同一亩耕地上，报告期内无论灌水几次，都应按一亩计算，而不应按灌溉亩次计算。凡是肩挑、人抬、马拉抗旱点种的面积，一律不算实灌面积。耕地实灌面积不大于耕地灌溉面积。

机电井眼数　安装柴油机、汽油机、电动机或其他动力机械带动水泵抽取地下水灌溉耕地、牧草地，包括已装机配套的和待装机配套的水井眼数。

配套机电井眼数　已经安装机电提水设备（包括线路）可以进行正常灌溉的机电井眼数。在几眼井上使用一台设备，但能适时灌溉的和一机多用而主要用于机、电井的，均应视为"已配套机电井"，包括由于提水设备或机井本身损坏待修理，暂时不能使用的"已配套机电井"。

机电井装机容量　水利工程机组设备的容量，以机组铭牌的容量为准，包括停机检修和事故备用容量。

配套机电井装机容量　包括机配井装机容量与电配井装机容量之和。

Explanatory Notes of Main Statistical Indicators

Number of irrigation district with an area above 10,000 mu Total number of districts above 10,000 mu designed for irrigation purpose and having complete irrigation facilities and sub-canal systems, as self-established irrigation system under unified management, and located in the irrigation schemes for water storage, diversion or lifting.

Irrigated area The sum of irrigated areas for agriculture, forest, pasture and grassland in a particular region. The total irrigated area is equal to the sum of irrigated areas of cultivated land (arable land), forest, fruit garden or orchard, grassland and others. Irrigated areas in the current year mean the total irrigated areas at the end of the year.

Irrigated areas of cultivated land It refers to farmland or cultivated land installed with irrigation facilities and having water source and relatively leveled land, which is being irrigated in normal years.

Actual irrigated area It refers to the area being irrigated (once or more than once) in the statistical year, with irrigation system or facilities. No matter how many times of irrigation is made in the same area of land within report period, it is all counted as one mu. The areas irrigated by means of people or animal carrying water for drought-relief are not included. Actual irrigated area equals to or less than the irrigated area of cultivated land.

Number of mechanical and electrical wells The total number of boreholes and tube wells with installed counterpart facilities or shall be installed according to the plan, which use diesel or gasoline engine, electric motor or other power machines to pump or lift water for irrigation of farmlands and pasture lands.

Number of counterpart mechanical and electric wells Boreholes and tube wells, installed with pumping facilities (including lines), can be used for irrigation. It also includes wells that share one pump but can ensure timely irrigation and temporarily unused wells because of damage and waiting for repair.

Installed capacity of mechanical and electric wells Installed capacity of electric-mechanical equipment based on brand instruction, including repair or overhaul and accident spare capacity.

Installed capacity of counterpart mechanical and electric wells Total of installed capacity of wells equipped with mechanical equipment and installed capacity of wells equipped by electrical equipment.

4　供用水

Water Supply and Utilization

简 要 说 明

供用水统计资料主要包括水利工程设施供水及农村饮水安全等。

供用水量及饮水安全情况按水资源一级分区和地区分组。

1. 供水按受水区分地表水源、地下水源和其他水源统计。

2. 蓄水工程、引水工程、机电井工程与泵站工程供水量统计范围为全社会管理的工程。

3. 农村饮水安全人口统计范围只限于农村, 2004 年及以前年份统计"解决饮水困难人口"指标, 2005 年后统计"饮水安全人口"指标。

Brief Introduction

Statistical data of water supply and utilization mainly covers comsumption and water supply utilities as well as status of drinking water safety in rural areas.

Quantity of water supply and safety condition of drinking water is classified in accordance with Grade-I water resources region and region.

1. Water supply is grouped based on sources of water-receiving areas, like surface water, groundwater or others.

2. Statistical data of water supply only includes storage works, water diversion canals, electro-mechanical wells and pumping stations operated by all the organs .

3. Statistical data of population access to safe drinking water is only limited to rural areas. Index of "population with drinking water" is used in 2004 and before; the index of "population with safe drinking water" is used in 2005 and after.

4-1 历 年 供 用 水 量

Water Supply and Utilization by Year

单位：亿立方米   unit: $10^8 m^3$

年份 Year	供水量 合计 Total Water Supply	地表水 Surface Water	地下水 Ground- water	其他（非常规水源） Others (Unconventional Water Resources)	用水量 合计 Total Water Utilization	农业 Agricultural	工业 Industrial	生活 Domestic	人工生态环境补水 Artificial Water Recharge to Eco-environment
2001	5567.4	4450.7	1094.9	21.9	5567.4	3825.7	1141.8	599.9	
2002	5497.3	4404.4	1072.4	20.5	5497.3	3736.2	1142.4	618.7	
2003	5320.4	4286.0	1018.1	16.3	5320.4	3432.8	1177.2	630.9	79.5
2004	5547.8	4504.2	1026.4	17.2	5547.8	3585.7	1228.9	651.2	82.0
2005	5633.0	4572.2	1038.8	22.0	5633.0	3580.0	1285.2	675.1	92.7
2006	5795.0	4706.8	1065.5	22.7	5795.0	3664.4	1343.8	693.8	93.0
2007	5818.7	4723.5	1069.5	25.7	5818.7	3598.5	1404.1	710.4	105.7
2008	5909.9	4796.4	1084.8	28.7	5909.9	3663.4	1397.1	729.2	120.2
2009	5965.2	4839.5	1094.5	31.2	5965.2	3723.1	1390.9	748.2	103.0
2010	6022.0	4881.6	1107.3	33.1	6022.0	3689.1	1447.3	765.8	119.8
2011	6107.2	4953.3	1109.1	44.8	6107.2	3743.6	1461.8	789.9	111.9
2012	6131.2	4952.8	1133.8	44.6	6131.2	3902.5	1380.7	739.7	108.3
2013	6183.4	5007.3	1126.2	49.9	6183.4	3921.5	1406.4	750.1	105.4
2014	6094.9	4920.5	1116.9	57.5	6094.9	3869.0	1356.1	766.6	103.2
2015	6103.2	4969.5	1069.2	64.5	6103.2	3852.2	1334.8	793.5	122.7
2016	6040.2	4912.4	1057.0	70.8	6040.2	3768.0	1308.0	821.6	142.6
2017	6043.4	4945.5	1016.7	81.2	6043.4	3766.4	1277.0	838.1	161.9
2018	6015.5	4952.7	976.4	86.4	6015.5	3693.1	1261.6	859.9	200.9
2019	6021.2	4982.5	934.2	104.5	6021.2	3682.3	1217.6	871.7	249.6
2020	5812.9	4792.3	892.5	128.1	5812.9	3612.4	1030.4	863.1	307.0
2021	5920.2	4928.1	853.8	138.3	5920.2	3644.3	1049.6	909.4	316.9
2022	5998.2	4994.2	828.2	175.8	5998.2	3781.3	968.4	905.7	342.8

4-2 2022 年供用水量（按地区分）

Water Supply and Utilization in 2022 (by Region)

单位：亿立方米　　　　　　　　　　　　　　　　　　　　　　　　　　　　　　　　　　　　　　　unit: 10⁸m³

地区 Region		供水量 合计 Total Water Supply	地表水 Surface Water	地下水 Ground- water	其他（非常规 水源） Others (Unconvent- ional Water Resources)	用水量 合计 Total Water Utilization	农业 Agricultural	工业 Industrial	生活 Domestic	人工生态 环境补水 Artificial Water Recharge to Eco-environ- ment
合 计	**Total**	**5998.2**	**4994.2**	**828.2**	**175.8**	**5998.2**	**3781.3**	**968.4**	**905.7**	**342.8**
北 京	Beijing	40.0	15.8	12.2	12.1	40.0	2.6	2.4	18.6	16.4
天 津	Tianjin	33.6	24.8	2.7	6.0	33.6	10.0	4.6	7.2	11.7
河 北	Hebei	182.4	95.8	72.2	14.4	182.4	100.4	16.3	27.8	37.9
山 西	Shanxi	72.1	38.2	27.5	6.4	72.1	40.5	11.6	15.1	4.9
内蒙古	Inner Mongolia	191.5	95.8	88.7	6.9	191.5	143.4	13.2	11.3	23.5
辽 宁	Liaoning	126.0	73.8	45.0	7.2	126.0	75.2	15.0	26.4	9.4
吉 林	Jilin	104.5	70.3	31.5	2.7	104.5	76.6	8.7	12.8	6.4
黑龙江	Heilongjiang	307.7	193.8	111.3	2.6	307.7	273.8	14.6	15.4	3.9
上 海	Shanghai	105.7	104.7	0.006	0.9	105.7	17.2	63.0	23.8	1.6
江 苏	Jiangsu	611.8	595.0	2.8	14.0	611.8	285.8	245.5	65.6	14.9
浙 江	Zhejiang	167.8	162.7	0.2	5.0	167.8	73.4	35.4	52.5	6.6
安 徽	Anhui	300.5	269.0	24.1	7.4	300.5	175.7	78.9	36.1	9.8
福 建	Fujian	167.9	159.5	2.9	5.4	167.9	97.2	24.4	31.8	14.5
江 西	Jiangxi	269.8	260.6	6.1	3.0	269.8	194.5	42.2	29.2	3.8
山 东	Shandong	217.0	130.3	69.3	17.3	217.0	122.7	33.1	41.3	19.9
河 南	Henan	228.0	118.0	99.4	10.6	228.0	135.5	21.3	43.6	27.6
湖 北	Hubei	353.1	343.4	5.0	4.7	353.1	195.7	80.9	51.7	24.7
湖 南	Hunan	331.0	319.7	6.8	4.5	331.0	220.0	50.9	45.9	14.2
广 东	Guangdong	401.7	383.5	6.5	11.7	401.7	198.7	73.4	116.7	12.9
广 西	Guangxi	264.0	253.7	6.6	3.8	264.0	190.0	31.6	36.1	6.3
海 南	Hainan	45.6	43.8	1.2	0.6	45.6	33.9	1.4	9.1	1.2
重 庆	Chongqing	68.8	65.8	0.5	2.5	68.8	27.5	17.1	22.4	1.8
四 川	Sichuan	251.6	242.0	5.9	3.6	251.6	164.8	21.2	57.8	7.8
贵 州	Guizhou	96.3	94.0	1.1	1.2	96.3	63.1	11.2	20.3	1.7
云 南	Yunnan	163.4	156.1	3.3	4.0	163.4	111.5	14.2	27.6	10.0
西 藏	Xizang	31.8	29.0	2.7	0.1	31.8	27.1	1.1	3.3	0.4
陕 西	Shaanxi	94.9	60.7	28.9	5.3	94.9	57.5	10.7	20.2	6.5
甘 肃	Gansu	112.9	85.2	24.3	3.4	112.9	82.3	6.3	10.3	13.9
青 海	Qinghai	24.5	18.5	5.1	0.8	24.5	17.1	2.7	2.9	1.8
宁 夏	Ningxia	66.3	60.1	4.9	1.3	66.3	53.6	4.5	3.7	4.5
新 疆	Xinjiang	566.4	430.7	129.5	6.2	566.4	513.9	10.9	19.0	22.5

4-3 2022 年供用水量（按水资源分区分）

Water Supply and Utilization in 2022 (by Water Resources Sub-region)

单位：亿立方米   unit: $10^8 m^3$

水资源 一级区	Grade-I Water Resources Sub-region	供水量 合计 Total Water Supply	地表水 Surface Water	地下水 Ground-water	其他（非常规水源）Others (Unconventional Water Resources)	用水量 合计 Total Water Utilization	农业 Agricultural	工业 Industrial	生活 Domestic	人工生态环境补水 Artificial Water Recharge to Eco-environment
合 计	**Total**	**5998.2**	**4994.2**	**828.2**	**175.8**	**5998.2**	**3781.3**	**968.4**	**905.7**	**342.8**
松花江区	Songhua River	432.0	280.8	145.8	5.4	432.0	360.1	23.5	27.7	20.7
辽河区	Liaohe River	188.6	85.3	94.4	8.9	188.6	127.8	17.7	31.4	11.7
海河区	Haihe River	370.7	204.4	128.0	38.3	370.7	186.9	38.9	69.9	75.0
黄河区	Yellow River	391.6	262.4	107.5	21.7	391.6	258.9	43.0	55.8	33.9
淮河区	Huaihe River	639.1	482.8	128.4	27.9	639.1	433.5	64.7	100.5	40.4
长江区	Yangtze River	2143.6	2068.2	38.0	37.4	2143.6	1127.4	592.2	341.0	83.0
其中：太湖流域	Among Which: Taihu Lake	346.1	337.4	0.04	8.7	346.1	68.6	207.0	60.6	9.9
东南诸河区	Southeast Rivers	285.1	273.5	2.8	8.8	285.1	145.4	51.4	69.7	18.6
珠江区	Pearl River	779.1	745.1	16.1	17.9	779.1	467.5	115.0	173.5	23.2
西南诸河区	Southwest Rivers	106.2	101.8	3.2	1.1	106.2	86.0	5.5	12.7	1.9
西北诸河区	Northwest Rivers	662.2	490.0	163.8	8.4	662.2	587.7	16.5	23.5	34.5

4-4 2022年主要用水指标（按水资源分区分）

Key Indicators for Water Utilization in 2022 (by Water Resources Sub-region)

水资源 一级区	Grade-I Water Resources Sub-region	人均 综合 用水量 /立方米 Comprehensive Water Use Per Capita /m³	万元国内生产总值 用水量 /立方米 Water Consumption Per 10,000 Yuan of GDP /m³	耕地实际 灌溉 亩均用水量 /立方米 Water Use Per mu of Irrigated Farmland /m³	人均生活用 水量 /升每天 Domestic Water Use Per Capita /(L/d)	人均城乡 居民生活 用水量 /升每天 Urban and Rural Residents Water Use Per Capita /(L/d)	万元工业 增加值 用水量 /立方米 Water Consumption Per 10,000 Yuan of Added Industrial Production Value /m³
合 计	Total	**425**	**49.6**	**364**	**176**	**125**	**24.1**
松花江区	Songhua River	794	145.3	413	139	105	28.3
辽河区	Liaohe River	357	55.2	190	163	115	15.4
海河区	Haihe River	247	29.3	164	127	93	11.2
黄河区	Yellow River	319	41.4	269	124	91	10.9
淮河区	Huaihe River	311	39.4	244	134	102	12.2
长江区	Yangtze River	457	49.1	452	199	137	42.2
其中：太湖流域	Among Which: Taihu Lake	513	29.4	503	246	154	50.4
东南诸河区	Southeast Rivers	312	26.3	468	209	139	12.5
珠江区	Pearl River	373	44.2	677	227	161	19.3
西南诸河区	Southwest Rivers	506	94.1	395	166	120	27.8
西北诸河区	Northwest Rivers	1936	273.5	495	188	153	18.8

注 1. 万元国内生产总值用水量和万元工业增加值用水量指标按当年价格计算。

2. 本表计算中所使用的人口数字为年平均人口数。

3. 本表中"人均生活用水量"包括居民生活用水和公共用水（含第三产业及建筑业等用水），"城乡居民"仅包括居民生活用水。

Notes 1. Water consumptions per 10,000 yuan of GDP and added industrial output value are based on the prices in 2022.

2. The population used for calculation of this table is the yearly average.

3. In the column of "Domestic Water Use Per Capita", "urban" includes water use of household and water use for public purposes (including water use of tertiary and construction industries), and "household" refers to water use for indoor household purpose only.

4-5 2022年主要用水指标（按地区分）
Key Indicators for Water Utilization in 2022 (by Region)

地区	Region	人均综合用水量/立方米 Comprehensive Water Use Per Capital/m³	万元国内生产总值用水量/立方米 Water Consumption Per 10,000 Yuan of GDP/m³	耕地实际灌溉亩均用水量/立方米 Water Use Per mu of Irrigated Farmland/m³	农田灌溉水有效利用系数 Coefficient of Effective Utilization of Farmland Irrigation Water	人均生活用水量/升每天 Domestic Water Use Per Capital/(L/d)	人均城乡居民生活用水量/升每天 Urban and Rural Residents Water Use Per Capital/(L/d)	万元工业增加值用水量/立方米 Water Consumption Per 10,000 Yuan of Added Industrial Production Value/m³
合 计	Total	**425**	**49.6**	**364**	**0.572**	**176**	**125**	**24.1**
北 京	Beijing	183	9.6	124	0.751	233	145	4.8
天 津	Tianjin	245	20.6	247	0.722	145	100	8.5
河 北	Hebei	245	43.1	153	0.677	103	80	11.1
山 西	Shanxi	207	28.1	170	0.563	119	91	9.1
内蒙古	Inner Mongolia	798	82.7	211	0.574	129	91	13.6
辽 宁	Liaoning	299	43.5	350	0.592	172	120	14.7
吉 林	Jilin	443	80.0	284	0.604	149	110	23.4
黑龙江	Heilongjiang	989	193.5	415	0.611	136	103	34.2
上 海	Shanghai	426	23.7	573	0.739	263	160	58.4
江 苏	Jiangsu	719	49.8	476	0.620	211	140	50.5
浙 江	Zhejiang	256	21.6	381	0.609	219	140	12.3
安 徽	Anhui	491	66.7	282	0.564	162	125	57.2
福 建	Fujian	401	31.6	597	0.565	208	141	12.4
江 西	Jiangxi	597	84.1	720	0.530	177	132	35.9
山 东	Shandong	213	24.8	150	0.648	111	84	11.5
河 南	Henan	231	37.2	172	0.625	121	93	10.9
湖 北	Hubei	605	65.7	406	0.537	243	148	46.1
湖 南	Hunan	501	68.0	510	0.553	190	136	33.9
广 东	Guangdong	317	31.1	719	0.532	252	171	15.4
广 西	Guangxi	524	100.4	776	0.521	196	154	46.7
海 南	Hainan	445	66.9	745	0.575	243	178	17.9
重 庆	Chongqing	214	23.6	313	0.511	191	142	20.7
四 川	Sichuan	300	44.3	373	0.497	189	143	12.9
贵 州	Guizhou	250	47.8	399	0.494	144	113	20.3
云 南	Yunnan	348	56.4	336	0.510	161	114	19.8
西 藏	Xizang	871	149.1	513	0.457	246	141	54.8
陕 西	Shaanxi	240	29.0	267	0.583	140	101	8.1
甘 肃	Gansu	453	100.8	397	0.578	114	93	19.2
青 海	Qinghai	412	67.8	447	0.506	133	92	21.9
宁 夏	Ningxia	913	130.8	524	0.570	139	83	21.3
新 疆	Xinjiang	2189	319.3	530	0.579	201	169	18.2

注 1. 万元国内生产总值用水量和万元工业增加值用水量指标按当年价格计算。
　　2. 本表计算中所使用的人口数字为年平均人口数。
　　3. 本表中"人均生活用水量"包括居民生活用水和公共用水（含第三产业及建筑业等用水），"城乡居民"仅包括居民生活用水。
Notes 1. Water consumptions per 10,000 yuan of GDP and added industrial output value are based on the prices in 2022.
　　　2. The population used for calculation of this table is the yearly average.
　　　3. In the column of "Domestic Water Use Per Capita", "urban" includes water use of household and water use for public purposes (including water use of tertiary and construction industries), and "household" refers to water use for indoor household purpose only.

主要统计指标解释

供水量 各种水源为用水户提供的包括输水损失在内的毛水量。

用水量 各类用水户取用的包括输水损失在内的毛水量，又称取水量。

生活用水 包括城乡居民家庭生活用水和城乡公共设施用水（含第三产业及建筑业等用水）。

工业用水 指工矿企业用于生产活动的水量，包括主要生产用水、辅助生产用水（如机修、运输、空压站等）和附属生产用水（如绿化、办公室、浴室、食堂、厕所、保健站等），按新水取用量计，不包括企业内部的重复利用水量。

农业用水 包括耕地和林地、园地、牧草地灌溉用水，鱼塘补水及牲畜用水。

人工生态环境补水 仅包括人为措施供给的城镇环境用水和部分河湖、湿地补水，而不包括降水、径流自然满足的水量。

Explanatory Notes of Main Statistical Indicators

Water supply   Gross amount of water provided by all kinds of water sources, including loss during transportation.

Water use   Gross amount of water used by all kinds of users, including loss during transportation.

Domestic water use   Includes water consumption of urban and rural resident households and public facilities (including third industry and construction industry).

Industrial water use   Refers to the amount of water used for production activities of industrial and mining enterprises, including consumption of production and auxiliary production (such as maintenance of machinery and equipment, transportation air compression station and so on), as well as auxiliary production (such as greening, office, bathroom, dining hall, toilet, health care station and so on), which is calculated as new water abstraction and excluded from the amount of repetitive use within the enterprises.

Agricultural water use   Includes water consumption of cultivated farmland, green field and grazing land, as well as water replenishing to fish pond and animal and livestock water use.

Artificial water recharge to eco-environment   Includes water use of cities and towns for environment with artificial measures and water supplement to some river, lakes and wetlands, but not includes the amount of water from precipitation and natural runoff.

5 水土保持

Soil and Water Conservation

简 要 说 明

水土保持统计资料主要包括水土流失治理面积及其分类治理面积等，按年度、水资源一级区和地区进行分组。

1. 小流域治理统计范围是指列入县级以上（含县级）治理规划，并进行重点治理的流域面积在 5 平方千米以上的小流域。

2. 水土流失治理面积历史资料汇总 1976 年至今的数据；新增水土流失治理面积历史资料汇总 2000 年至今的数据。

3. 水土流失治理面积已与2011年水利普查数据进行了衔接。

Brief Introduction

Statistical data of soil and water conservation mainly includes recovered area from erosion and types of measures for erosion control. The data is grouped in accordance with year, Grade-I water resources region and region.

1. The scope of statistics for small watershed under control covers those listed in the plan at and above the county level, and drainage area of small watershed that has an area of more than 5 km^2, which carry out key governance.

2. Historical data of recovered area is collected from 1976 until present, and historical data of newly-increased recovered area is from 2000 until present.

3. The data of recovered area from erosion is integrated with the First National Census for Water of 2011.

5-1 水 土 流 失 面 积
Soil Erosion Area

单位：平方千米   unit: km²

地 区	Region	水力侵蚀面积 Water Erosion Area	风力侵蚀面积 Wind Erosion Area	水土流失面积 Soil Erosion Area
合 计	**Total**	**1090608**	**1562801**	**2653409**
北 京	Beijing	1897		1897
天 津	Tianjin	184		184
河 北	Hebei	35270	4329	39599
山 西	Shanxi	56839	27	56866
内蒙古	Inner Mongolia	79049	494818	573867
辽 宁	Liaoning	33879	797	34676
吉 林	Jilin	28418	11504	39922
黑龙江	Heilongjiang	64545	7891	72436
上 海	Shanghai	37		37
江 苏	Jiangsu	2165		2165
浙 江	Zhejiang	7227		7227
安 徽	Anhui	11689		11689
福 建	Fujian	8861		8861
江 西	Jiangxi	23050		23050
山 东	Shandong	21914	710	22624
河 南	Henan	19034	1276	20310
湖 北	Hubei	30550		30550
湖 南	Hunan	29043		29043
广 东	Guangdong	17109		17109
广 西	Guangxi	37473		37473
海 南	Hainan	1648		1648
重 庆	Chongqing	24391		24391
四 川	Sichuan	102658	3459	106117
贵 州	Guizhou	45747		45747
云 南	Yunnan	97894		97894
西 藏	Xizang	57959	35484	93443
陕 西	Shaanxi	60839	1798	62637
甘 肃	Gansu	62539	119489	182028
青 海	Qinghai	36357	123840	160197
宁 夏	Ningxia	10478	4876	15354
新 疆	Xinjiang	81865	752503	834368

注 本数据来源于 2022 年度全国水土流失动态监测成果。

Note The data is sourced from national database of dynamic monitoring of soil erosion in 2022.

5-2 历年水土流失治理面积

Recovered Area from Soil Erosion by Year

单位：千公顷 unit: 10³hm²

年份 Year	水土流失治理 面积 Recovered Area	#水平梯田 Leveled Terraced Field	坝地 Gully Dammed Field	水保林 Water Conservation Forest
1976	42007	7383	942	
1977	42441	7161	929	20924
1978	40435	7239	891	
1979	40606	6461	931	21273
1980	41152	6539	895	21679
1981	41647	6427	878	21647
1982	41412	6367	924	22367
1983	42405	6457	922	22829
1984	44623	7062	1050	24570
1985	46393	6982	1275	25648
1986	47909	7436	1269	26923
1987	49528	7755	1579	27889
1988	51349	7952	1438	29461
1989	52154	8209	1495	30490
1990	52971	7623	1563	31660
1991	55838	8072	1893	33381
1992	58635			

年份 Year	水土流失 治理面积 Recovered Area	#小流域 治理面积 Recovered Area of Small Watershed	水土流失 治理面积 新增合计 Total Newly-increased Recovered Area	水平梯田 Leveled Terraced Field	坝地 Gully Dammed Field	水保林 Water Conservation Forest	种草 Planted Grassland	其他 Others	水土流失 治理面积 减少 Reduction of Recovered Area
1993	61253								
1994	64080								
1995	66855								
1996	69321								
1997	72242								
1998	75022								
1999	77828								

5-2 续表 continued

年份 Year	水土流失治理面积 Recoverd Area	#小流域治理面积 Recoverd Area of Small Watershed	水土流失治理面积 新增合计 Total Newly-increased Recovered Area	水平梯田 Leveled Terraced Field	坝地 Gully Dammed Field	水保林 Water Conservation Forest	种草 Planted Grassland	其他 Others	水土流失治理面积 减少 Reduction of Recovered Area
2000	80961	28473	4728						1595
2001	81539	30385	4888						4309
2002	85410	34255	5056						1186
2003	89714	35628	5538						1234
2004	92004	36040	4445						2156
2005	94654	37059	4198						1102
2006	97491	37915	3969						1543
2007	99871	38731	3916	311	58	1497	537	1513	1471
2008	101587	39189	3867	275	41	1474	492	1584	2666
2009	104545	41139	4318	412	38	1647	470	1751	1373
2010	106800	41602	4015	401	42	1500	409	1663	1737
2011	109664	41425	4008	437	46	1565	388	1572	1306
2012	102953	41131	4372	524	27	1564	406	1851	1452

年份 Year	水土流失治理面积 Recovered Area	#小流域治理面积 Recovered Area of Small Watershed	水土流失治理面积 新增合计 Total Newly-increased Recovered Area	基本农田 Prime Farmland			水保林 Water Conservation Forest	经济林 Economic Forest	种草 Planted Grassland	封禁治理 Blockading Administration	其他 Others
				水平梯田 Leveled Terraced Field	坝地 Gully Dammed Field	其他 Others					
2013	106892	34248	5271	553	16	157	1411	568	340	1681	544
2014	111609	35813	5497	473	30	126	1507	567	361	1898	532
2015	115578	37883	5385	483	13	93	1408	556	323	1855	652
2016	120412	39738	5620	456	16	103	1690	643	423	1559	731
2017	125839	40847	5899	418	8		1521	628	426	1922	975
2018	131532	42204	6436	365	8		1627	718	421	2116	1182
2019	137325	43277	6685	329	5		1675	743	346	2286	1300
2020	143122	44423	6431	374	2		1411	639	399	2144	1462
2021	149552	45628	6843	392	4		1345	520	464	2167	1952
2022	156030	45635	6830	529	4		1310	342	544	2211	1890

5-3 2022年水土流失治理面积（按地区分）
Recovered Area from Soil Erosion in 2022 (by Region)

单位：千公顷   unit: $10^3 hm^2$

地区 Region		水土流失治理面积 Recovered Area	#小流域治理面积 Recovered Area of Small Watershed	水土流失治理面积新增合计 Total Newly-increased Recovered Area	基本农田 Prime Farmland		水保林 Water Conservation Forest	经济林 Economic Forest	种草 Planted Grassland	封禁治理 Blockading Administration	其他 Others
					水平梯田 Leveled Terraced Field	坝地 Gully Dammed Field					
合 计	Total	156029.6	45634.7	6830.0	528.8	3.8	1310.2	342.2	544.1	2211.3	1889.6
北 京	Beijing	991.0	991.0	13.0	0.3			0.01	0.008	12.7	0.03
天 津	Tianjin	104.5	51.3	0.5						0.53	
河 北	Hebei	6359.8	3291.3	224.6	1.6		56.4	7.6	12.2	131.6	15.2
山 西	Shanxi	8070.3	857.3	388.2	42.3	0.6	180.2	10.5	8.2	107.9	38.6
内蒙古	Inner Mongolia	16678.7	3492.5	777.7	41.8		177.3	1.6	111.5	182.2	263.3
辽 宁	Liaoning	6144.1	2625.5	214.0	3.4		35.5	3.1	4.6	27.9	139.5
吉 林	Jilin	3230.3	258.0	226.4			30.7	1.4	6.8	13.6	173.9
黑龙江	Heilongjiang	6717.9	811.6	460.7			6.6	1.64	1.7	9.9	440.8
上 海	Shanghai										
江 苏	Jiangsu	970.1	361.6	10.2	0.1		1.1	0.2	0.8	0.96	7.1
浙 江	Zhejiang	3744.6	693.8	42.1	0.6		1.7	1.2	0.02	32.3	6.3
安 徽	Anhui	2284.9	958.2	65.9	0.1		2.2	0.3	0.1	60.8	2.4
福 建	Fujian	4279.0	834.9	132.5	1.6		20.5	3.0	0.4	93.8	13.3
江 西	Jiangxi	6468.5	1574.2	135.1	0.04		22.3	17.0	0.5	95.2	
山 东	Shandong	4722.5	1768.2	139.4	41.5	0.01	11.0	8.1	1.9	46.1	30.8
河 南	Henan	4269.7	2393.7	135.4	7.3	0.1	50.0	7.6	3.0	58.6	8.8
湖 北	Hubei	6731.0	1411.1	167.2	8.5		23.1	8.0	4.1	94.5	29.1
湖 南	Hunan	4415.8	1087.6	180.7	3.4		51.2	26.4	6.5	90.0	3.1
广 东	Guangdong	2091.1	173.6	86.9	0.12		22.3	2.8	0.3	60.1	1.2
广 西	Guangxi	3425.0	865.0	193.9	0.1		24.9	43.7	0.1	119.5	5.6
海 南	Hainan	159.3	75.4	12.0	0.03		0.4	4.1	0.14	3.5	3.9
重 庆	Chongqing	4109.0	1873.2	161.7	25.1		23.6	4.5	0.53	25.7	82.3
四 川	Sichuan	12028.6	5134.2	526.8	63.4		31.4	24.7	75.9	188.0	143.3
贵 州	Guizhou	8223.4	3546.9	323.5	7.0		84.6	83.8	28.2	81.2	38.7
云 南	Yunnan	11636.9	2322.2	546.6	68.7		56.2	54.6	15.7	193.0	158.4
西 藏	Xizang	898.5	193.2	94.3	0.01		8.9	0.7	28.6	55.5	0.6
陕 西	Shaanxi	8624.4	3015.6	403.8	43.0		107.3	9.2	3.0	167.3	74.0
甘 肃	Gansu	11505.1	3134.8	696.9	133.6		147.9	8.8	96.9	115.7	194.0
青 海	Qinghai	1865.6	636.8	163.4	7.3	3.1	47.7	0.04	68.1	37.1	0.01
宁 夏	Ningxia	2666.5	861.5	98.6	27.9	0.1	35.2	0.9	7.1	26.5	0.8
新 疆	Xinjiang	2613.44	340.69	208.06			50.01	6.61	57.11	79.75	14.57

5-4 2022年水土流失治理面积（按水资源分区分）

Recovered Area from Soil Erosion in 2022 (by Water Resources Sub-region)

单位：千公顷   unit: 10³hm²

水资源一级区	Grade-I Water Resources Sub-region	水土流失治理面积 Recovered Area	#小流域治理面积 Recovered Area of Small Watershed	水土流失治理面积新增合计 Total Newly-increased Recovered Area	基本农田 Prime Farmland 水平梯田 Leveled Terraced Field	坝地 Gully Dammed Field	水保林 Water Conservation Forest	经济林 Economic Forest	种草 Planted Grassland	封禁治理 Blockading Administration	其他 Others
合 计	**Total**	**156029.6**	**45634.7**	**6830.0**	**528.8**	**3.8**	**1310.2**	**342.2**	**544.1**	**2211.3**	**1889.6**
松花江区	Songhua River	12715.8	1466.6	802.5			40.7	3.2	21.8	23.4	713.4
辽河区	Liaohe River	10684.3	3618.2	417.0	43.9		79.9	4.2	30.4	42.0	216.7
海河区	Haihe River	11792.3	5240.5	398.6	10.2	0.1	142.8	9.8	15.9	186.9	32.9
黄河区	Yellow River	30803.2	8777.3	1603.5	227.2	3.6	510.5	20.4	217.6	422.4	201.8
淮河区	Huaihe River	6838.4	2899.7	186.6	37.6	0.01	23.4	13.3	2.1	79.8	30.4
长江区	Yangtze River	50860.1	17838.8	1796.4	156.6		271.3	166.2	116.6	750.0	335.8
东南诸河区	Southeast Rivers	7878.2	1482.8	174.0	2.1		22.0	4.1	0.4	127.1	18.2
珠江区	Pearl River	10286.3	2260.5	478.2	16.5		88.0	88.3	5.6	235.4	44.4
西南诸河区	Southwest Rivers	6250.1	1000.4	382.3	28.4		31.0	25.6	40.2	151.7	105.5
西北诸河区	Northwest Rivers	7920.8	1049.9	590.9	6.3		100.7	7.1	93.6	192.6	190.6

5-5 2022年水土流失治理面积（按水资源分区和地区分）

Recovered Area from Soil Erosion in 2022 (by Water Resources Sub-region and Region)

单位：千公顷 unit: $10^3 hm^2$

地区 Region		水土流失治理面积 Recovered Area	#小流域治理面积 Recovered Area of Small Watershed	水土流失治理面积新增合计 Total Newly-increased Recovered Area	基本农田 Prime Farmland		水保林 Water Conservation Forest	经济林 Economic Forest	种草 Planted Grassland	封禁治理 Blockading Administration	其他 Others
					水平梯田 Leveled Terraced Field	坝地 Gully Dammed Field					
松花江区	**Songhua River**	**12715.8**	**1466.6**	**802.5**			**40.7**	**3.2**	**21.8**	**23.4**	**713.4**
内蒙古	Inner Mongolia	3095.6	410.6	140.4			5.5	0.2	13.3	2.3	119.1
吉 林	Jilin	2902.3	244.4	201.5			28.5	1.4	6.8	11.3	153.5
黑龙江	Heilongjiang	6717.9	811.6	460.7			6.6	1.6	1.7	9.9	440.8
辽河区	**Liaohe River**	**10684.3**	**3618.2**	**417.0**	**43.9**		**79.9**	**4.2**	**30.4**	**42.0**	**216.7**
内蒙古	Inner Mongolia	4367.3	1008.2	179.2	40.4		43.0	1.1	25.8	12.0	56.8
辽 宁	Liaoning	5989.0	2596.4	213.0	3.4		34.7	3.0	4.6	27.7	139.5
吉 林	Jilin	328.0	13.6	24.9			2.1	0.05		2.3	20.4
海河区	**Haihe River**	**11792.3**	**5240.5**	**398.6**	**10.2**	**0.1**	**142.8**	**9.8**	**15.9**	**186.9**	**32.9**
北 京	Beijing	991.0	991.0	13.0	0.3			0.01	0.01	12.7	0.03
天 津	Tianjin	104.5	51.3	0.5						0.5	
河 北	Hebei	6359.8	3291.3	224.6	1.6		56.4	7.6	12.2	131.6	15.2
山 西	Shanxi	2803.9	318.3	120.7	7.4	0.1	67.6	1.1	1.5	33.9	9.2
内蒙古	Inner Mongolia	561.7	282.4	14.0			5.7		1.8	3.7	2.7
辽 宁	Liaoning	155.1	29.1	1.1			0.8	0.1		0.2	
山 东	Shandong	400.5	48.7	9.5			3.6	0.4	0.5		5.1
河 南	Henan	415.9	228.5	15.3	0.9	0.1	8.6	0.7		4.2	0.7
黄河区	**Yellow River**	**30803.2**	**8777.3**	**1603.5**	**227.2**	**3.6**	**510.5**	**20.4**	**217.6**	**422.4**	**201.8**
山 西	Shanxi	5266.4	539.0	267.4	34.9	0.5	112.6	9.4	6.7	73.9	29.4
内蒙古	Inner Mongolia	5911.1	1158.7	260.7	1.4		92.3	0.3	60.4	94.4	12.1
山 东	Shandong	407.9	216.1	15.8	5.3		0.5	0.4		4.7	4.9
河 南	Henan	1240.3	615.9	54.7	5.1		19.9	1.0	2.7	21.7	4.3
四 川	Sichuan	240.1	38.8	37.4					15.4	12.2	9.9
陕 西	Shaanxi	5830.9	1970.8	291.7	36.2		97.7	4.2	2.8	93.4	57.3
甘 肃	Gansu	7727.4	2780.5	443.7	109.2		106.6	4.1	78.4	62.4	83.0
青 海	Qinghai	1512.7	595.9	133.5	7.3	3.1	45.8		44.0	33.3	0.01
宁 夏	Ningxia	2666.5	861.5	98.6	27.9	0.1	35.2	0.9	7.1	26.5	0.8
淮河区	**Huaihe River**	**6838.4**	**2899.7**	**186.6**	**37.6**	**0.01**	**23.4**	**13.3**	**2.1**	**79.8**	**30.4**
江 苏	Jiangsu	512.8	166.7	6.0			1.0	0.2	0.4	0.2	4.2
安 徽	Anhui	585.1	207.8	18.0	0.1		0.7	0.3		15.2	1.8
山 东	Shandong	3914.1	1503.4	114.2	36.2	0.01	6.9	7.4	1.5	41.4	20.9
河 南	Henan	1826.3	1021.7	48.3	1.3		14.7	5.4	0.23	23.2	3.5

5-5　续表 continued

地区	Region	水土流失治理面积 Recovered Area	#小流域治理面积 Recovered Area of Small Watershed	水土流失治理面积新增合计 Total Newly-increased Recovered Area	基本农田 Prime Farmland 水平梯田 Leveled Terraced Field	坝地 Gully Dammed Field	水保林 Water Conservation Forest	经济林 Economic Forest	种草 Planted Grassland	封禁治理 Blockading Administration	其他 Others
长江区	**Yangtze River**	**50860.1**	**17838.8**	**1796.4**	**156.6**		**271.3**	**166.2**	**116.6**	**750.0**	**335.8**
上　海	Shanghai										
江　苏	Jiangsu	457.3	194.9	4.2	0.1		0.01		0.4	0.8	2.8
浙　江	Zhejiang	189.7	53.9	3.1			0.2	0.01		1.5	1.3
安　徽	Anhui	1655.6	742.4	45.5	0.01		1.5	0.1	0.1	43.3	0.6
江　西	Jiangxi	6468.5	1574.2	135.1	0.04		22.3	17.0	0.5	95.2	
河　南	Henan	787.2	527.6	17.1	0.1		6.7	0.5		9.5	0.3
湖　北	Hubei	6731.0	1411.1	167.2	8.5		23.1	8.0	4.1	94.5	29.1
湖　南	Hunan	4355.0	1083.6	179.6	3.4		50.7	25.9	6.5	90.0	3.1
广　西	Guangxi	128.3	73.9	5.1						5.1	
重　庆	Chongqing	4109.0	1873.2	161.7	25.1		23.6	4.5	0.5	25.7	82.3
四　川	Sichuan	11788.5	5095.4	489.4	63.4		31.4	24.7	60.5	175.8	133.5
贵　州	Guizhou	5544.9	2627.8	231.3	6.9		58.5	57.5	24.0	51.8	32.7
云　南	Yunnan	4277.2	1220.5	170.1	24.1		20.7	18.9	11.5	69.0	25.9
西　藏	Xizang	53.7	5.5	0.5					0.5		0.004
陕　西	Shaanxi	2793.5	1044.7	112.1	6.8		9.6	5.0	0.2	73.9	16.6
甘　肃	Gansu	1438.2	302.6	68.9	18.1		22.8	4.3	2.4	13.9	7.5
青　海	Qinghai	82.2	7.5	5.6	0.1		0.2		5.3		
东南诸河区	**Southeast Rivers**	**7878.2**	**1482.8**	**174.0**	**2.1**		**22.0**	**4.1**	**0.4**	**127.1**	**18.2**
浙　江	Zhejiang	3554.9	639.9	39.0	0.6		1.5	1.2	0.02	30.8	4.9
安　徽	Anhui	44.2	8.0	2.4						2.41	0.02
福　建	Fujian	4279.0	834.9	132.5	1.6		20.5	3.0	0.4	93.8	13.3
珠江区	**Pearl River**	**10286.3**	**2260.5**	**478.2**	**16.5**		**88.0**	**88.3**	**5.6**	**235.4**	**44.4**
湖　南	Hunan	60.8	3.9	1.1			0.5	0.5		0.04	
广　东	Guangdong	2091.1	173.6	86.9	0.1		22.3	2.8	0.3	60.1	1.2
广　西	Guangxi	3296.7	791.1	188.9	0.1		24.9	43.7	0.1	114.4	5.6
海　南	Hainan	159.3	75.4	12.0	0.03		0.4	4.1	0.1	3.5	3.9
贵　州	Guizhou	2678.4	919.1	92.2	0.1		26.1	26.4	4.3	29.4	6.0
云　南	Yunnan	2000.0	297.4	97.2	16.2		13.8	10.9	0.9	28.0	27.6
西南诸河区	**Southwest Rivers**	**6250.1**	**1000.4**	**382.3**	**28.4**		**31.0**	**25.6**	**40.2**	**151.7**	**105.5**
云　南	Yunnan	5359.7	804.3	279.3	28.4		21.7	24.9	3.4	96.0	104.9
西　藏	Xizang	844.7	187.7	93.7	0.01		8.9	0.7	28.1	55.5	0.5
青　海	Qinghai	45.7	8.4	9.2			0.3		8.7	0.2	
西北诸河区	**Northwest Rivers**	**7920.8**	**1049.9**	**590.9**	**6.3**		**100.7**	**7.1**	**93.6**	**192.6**	**190.6**
内蒙古	Inner Mongolia	2743.0	632.7	183.4			30.8	0.01	10.3	69.9	72.5
甘　肃	Gansu	2339.5	51.6	184.3	6.3		18.5	0.5	16.1	39.4	103.6
青　海	Qinghai	224.9	25.0	15.1			1.4		10.1	3.6	
新　疆	Xinjiang	2613.4	340.7	208.1			50.0	6.6	57.1	79.8	14.6

5-6 历年生产建设项目水土保持方案

Number of Soil and Water Conservation Plan in Development and Construction Project by Year

年份 Year	水土保持方案审批数量 /项 Approved Soil and Water Conservation Plan /unit	水土保持方案总投资 /万元 Total Investment of Soil and Water Conservation Plan /10⁴ yuan	减少新增人为水土流失面积 /千公顷 Reduction of Newly-increased Human-induced Eroded Area /10³ hm²	减少土壤流失量 /万吨 Reduction of Soil Loss /10⁴ t	水土保持设施验收数量 /个 Accepted Soil Conservation Facilities /unit
2007	21720	3518973	899	121317	4332
2008①	27389	3505679	789	117368	5648
2009①	22194	5645749	1609		
2010	24832	10102652	1304	113742	5205
2011	26296	14948872	1103		4842
2012	27858	14290605	1409	16438	5568
2013	30506	16280210	1250		6432
2014	30319		928		5646
2015	28809	14900062	3455	1816583	5739
2016	29157		1159		6744
2017	32257		1099		7632
2018	37866		1059		8995
2019	55923		2078		13627
2020	85781		2712		22205
2021	111873		2435		47667
2022	95213		3062		45751

① 2008 年、2009 年数据未统计上海地区。
① The data of Shanghai is not included in 2008 and 2009.

5-7 2022 年全国生产建设项目水土保持方案（按地区分）

Number of Soil and Water Conservation Plan in Development and Construction Project in 2022 (by Region)

地区	Region	水土保持方案 审批数量 /个 Approved Soil and Water Conservation Plan /unit	减少新增人为 水土流失面积 /公顷 Reduction of Newly-increased Human-induced Eroded Area /hm²	水土保持设施 验收报备数量 /个 Accepted Soil Conservation Facilities /unit
合　计	Total	95213	3062180	45751
水利部	Ministry of Water Resources of People's Republic of China	71	90515	80
北　京	Beijing	764	13904	850
天　津	Tianjin	610	21803	562
河　北	Hebei	3577	77386	1421
山　西	Shanxi	2253	93122	859
内蒙古	Inner Mongolia	3552	111869	876
辽　宁	Liaoning	2058	29747	735
吉　林	Jilin	1306	34064	201
黑龙江	Heilongjiang	1199	24225	275
上　海	Shanghai	436	3916	580
江　苏	Jiangsu	7457	65476	2660
浙　江	Zhejiang	4260	69000	2807
安　徽	Anhui	4565	70728	1946
福　建	Fujian	2707	51547	1194
江　西	Jiangxi	3018	42493	3035
山　东	Shandong	6442	527435	3859
河　南	Henan	2547	61112	582
湖　北	Hubei	3608	455946	897
湖　南	Hunan	3267	49719	1058
广　东	Guangdong	5429	90899	3188
广　西	Guangxi	3307	107852	1740
海　南	Hainan	1177	15596	1199
重　庆	Chongqing	1949	49236	1094
四　川	Sichuan	6450	82200	4189
贵　州	Guizhou	3080	48968	3491
云　南	Yunnan	3257	81218	2067
西　藏	Xizang	2028	105712	152
陕　西	Shaanxi	3180	61584	815
甘　肃	Gansu	3023	135760	760
青　海	Qinghai	661	27416	275
宁　夏	Ningxia	1489	33458	506
新　疆	Xinjiang	6486	328274	1798

主要统计指标解释

水土流失 指在水力、风力、重力及冻融等自然营力和人类活动作用下，水土资源和土地生产力的破坏和损失。土壤侵蚀强度为轻度和轻度以上的土地面积称水土流失面积。

水土流失治理面积（又称水土保持面积） 指在山丘地区水土流失土地上，按照综合治理的原则，采取各种治理措施，如水平梯土（田）、淤地坝、谷坊、造林种草、封山育林育草等治理的水土流失面积总和。

水平梯田 指在坡地上沿等高线修建的、断面呈阶梯状的田块。（注：在我国南方，旱作梯田称梯地或梯土，种植水稻的称梯田。）

坝地 在沟道拦蓄工程上游因泥沙淤积形成的地面较平整的可耕作土地。

水保林 以防治水土流失为主要功能的人工林和天然林。根据其功能的不同，可分为坡面防护林、沟头防护林、沟底防护林、塬边防护林、护岸林、水库防护林、防风固沙林、海岸防护林等。

种草 在水土流失地区，为蓄水保土，改良土壤，发展畜牧，美化环境，促进畜牧业发展而进行的草本植物培育活动。

小流域治理面积 指以小流域为单元，根据流域内的自然条件，按照土壤侵蚀类型的特点和农业区划方向，在全面规划的基础上，合理安排农、林、牧、副各业用地，布置水土保持农业技术措施，林草措施与工程措施，相互协调、相互促进形成综合的水土流失防治面积。凡列入县级以上治理规划，并进行重点治理的，流域面积大于 5 平方千米小于 50 平方千米的小流域治理面积均进行统计。

Explanatory Notes of Main Statistical Indicators

Soil erosion Damage or losses to water and land resources and its productivity under the action of natural force and human activities, such as hydraulic, wind, gravity and freeze thawing factors. The area of soil erosion refers to the land suffers from slight soil erosion intensity or above.

Recovered area from soil erosion (also named soil and water conservation area) Total area recovered from erosion in mountainous or hilly areas, with comprehensive control measures, including terraced fields, silt retention dam, check dam, reforestation, grass plantation, ban of wood cutting and grazing, under the principle of integrated management.

Leveled terraced field Cultivated land with a cascade section built along the contour lines on slope land. (Note: In southern part of China, dry terraces are called land terraces or earth terraces, and paddy terraces are called terraced fields.)

Gully dammed field Relatively leveled cultivated land created by upstream silt arrested by silt retention dam in the gully.

Water conservation forest It refers to artificial and nature forests mainly for control of soil and water loss. According to its functions, it is grouped into protection forests for slope, gully head, gully bottom, plateau edge, bank, reservoir, wind and sand and sea coast.

Planted grassland Activities of planting and cultivating grass in eroded area, for the purposes of conserving soil and water, soil improvement, pasture development, environment beatification and conservation in animal husbandry.

Improved area of small watershed It refers to the area covered by a comprehensive erosion control system that integrates agricultural technology, forest-grass and structural measures, and makes an appropriate arrangement of land use for agricultural, forestry, husbandry and agricultural by-product production, by taking small watershed as an unit and based on natural condition, type and feature of soil erosion, agricultural zoning, under the guidance of overall planning. If a watershed is in the list of management plan at and above the county level as major project, all of the area larger than 5 km^2 and smaller than 50 km^2 should be included in the statistics.

6 水利建设投资

Investments in Water Project Construction

简　要　说　明

水利建设投资统计资料主要包括水利固定资产投资、项目、完成、工程量情况以及工程能力和效益等。

本部分资料主要按地区分组。历史资料汇总 1963 年至今的数据。由于水利建设投资统计报表制度调整，2016 年地方政府分来源统计数据有变化。

Brief Introduction

Statistical data of investments in water project construction mainly includes investment of fixed assets, number of projects, completion of investment, completed civil works, capacity and benefits of projects etc.

The data is divided into groups based on river basin and region. Historical data is collected from 1963 until present. Due to adjustment of statistical system for investment in water project construction, the sources of data of local government funding for water project construction of 2016 were also adjusted accordingly.

6-1 主 要 指 标
Key Indicators

单位：亿元

unit: 10^8 yuan

指标名称	Item	2005	2006	2007	2008	2009
中央水利建设计划投资	Investment Plan of Central Government in Water Projects	271.6	298.7	308.8	625.4	637.0
水利建设投资完成额	Completed Investment for Water Project Construction	746.8	793.8	944.9	1088.2	1894.0
按投资来源分：	Divided by Sources:					
（1）国家预算内拨款	National Budget Allocation	133.1	193.2	270.0	390.4	
（2）国家预算内专项	Special Funds from National Budget	179.4	184.7	195.7	160.5	
（3）国内贷款	Domestic Loan	94.2	80.7	83.4	96.9	
（4）利用外资	Foreign Investment	19.3	14.3	9.5	10.5	
（5）自筹资金	Self-raising Funds	242.2	212.3	219.9	235.4	
（6）水利建设基金	Water Project Construction Funds	30.3	36.1	67.8	60.5	
（7）其他投资	Other Investment	48.5	72.5	98.6	134.1	
按投资用途分：	Based on Investment Purposes:					
（1）防洪工程	Flood Control Projects	292.8	288.1	318.5	370.0	674.8
（2）水资源工程	Water Resources Projects	223.1	317.7	405.1	467.8	866.0
（3）水土保持及生态建设	Soil and Water Conservation and Ecological Restoration Projects	39.2	42.2	60.3	76.9	86.7
（4）水电工程	Hydropower Development	65.5	57.3	66.5	77.4	72.0
（5）行业能力建设	Capacity Building	32.7	20.2	8.9	10.6	
（6）其他	Others	93.6	68.3	85.6	85.5	

注　1. 从 2003 年开始，中央水利建设计划投资包括南水北调当年投资。

　　2. 2007 年中央水利建设计划投资不包括当年中央财政转移支付地方水利专项资金 32 亿元和小型农田水利建设中央财政专项补助资金 10 亿元。

　　3. 2008 年中央水利建设计划投资不包括当年小型农田水利建设中央财政专项补助资金 30 亿元。

Notes　1. Investment plans of central government for water project construction since 2003 include those for South-North Water Diversion Project.

　　2. In 2007, investment plans of central government for water project construction exclude 3.2 billion yuan of Central Government funds transferred to special funds of local governments and 1 billion yuan of special funds to small on-farm irrigation and drainage works from the Central Government Finance.

　　3. In 2008, investment plans of central government for water project construction exclude 3 billion yuan of special funds to small on-farm irrigation and drainage works from the Central Government Finance.

6-1 续表 continued

指标名称	Item	2010	2011	2012	2013	2014	2015	2016	2017	2018	2019	2020	2021	2022
中央水利建设计划投资	Investment Plan of Central Government for Water Projects	984.1	1140.7	1623.0	1408.3	1627.1	1685.2	1415.9	1558.6	1554.6	1466.1	1456.2	1482.0	1485.6
水利建设投资完成额	Completed Investment for Water Project Construction	2319.9	3086.0	3964.2	3757.6	4083.1	5452.2	6099.6	7132.4	6602.6	6711.7	8181.7	7576.0	10893.2
按投资来源分：	Divided by Sources:													
（1）中央政府投资	Central Government	960.5	1435.4	2033.2	1729.8	1648.5	2231.2	1679.2	1757.1	1752.7	1751.1	1786.9	1708.6	2217.9
（2）地方政府投资	Local Government	918.8	1223.7	1464.5	1542.0	1862.5	2554.6	2898.2	3578.2	3259.4	3487.9	4847.8	4236.8	6004.1
（3）国内贷款	Domestic Loan	337.4	270.3	265.6	172.7	299.6	338.6	879.6	925.8	735.9	636.3	614.0	698.9	1450.7
（4）利用外资	Foreign Investment	1.3	4.4	4.1	8.6	4.3	7.6	7.0	8.0	4.9	5.7	10.7	8.1	5.9
（5）企业和私人投资	Company and Private Investment	48.0	74.9	113.4	160.7	89.9	187.9	424.7	600.8	565.1	588.0	690.4	718.2	1065.5
（6）债券	Bonds	2.5	3.9	5.2	1.7	1.7	0.4	3.8	26.5	41.6	10.0	87.2	104.3	75.1
（7）其他投资	Others	51.4	73.4	78.3	142.1	176.5	131.7	207.1	235.9	242.9	232.8	144.8	101.1	74.0
按投资用途分：	Divided by Investment Purposes:													
（1）防洪工程	Flood Control	684.6	1018.3	1426.0	1335.8	1522.6	1930.3	2077.0	2438.9	2175.4	2091.3	2801.8	2497.0	3628.4
（2）水资源工程	Water Resources	1070.5	1284.1	1911.6	1733.1	1852.2	2708.3	2585.2	2704.9	2550.0	2646.8	3076.7	2866.4	4473.5
（3）水土保持及生态建设	Soil and Water Conservation and Ecological Restoration	85.9	95.4	118.1	102.9	141.3	192.9	403.7	682.6	741.5	913.4	1220.9	1123.6	1625.7
（4）水电工程	Hydropower Development	105.4	109.0	117.2	164.4	216.9	152.1	166.6	145.8	121.0	106.7	92.4	78.8	107.3
（5）行业能力建设	Capacity Building	19.6	40.2	59.6	52.5	40.9	29.2	56.9	31.5	47.0	63.4	85.2	79.9	124.4
（6）前期工作	Early-stage Work	24.9	42.0	40.7	40.7	65.1	101.9	174.0	181.2	132.0	132.7	157.3	136.5	204.1
（7）其他	Others		329.0	496.9	291.1	328.2	244.2	337.5	636.2	947.5	757.4	747.3	793.8	730.0

6-2　历年水利建设施工和投产项目个数

Number of Water Projects Under-construction and Put-into-operation by Year

单位：个

unit: unit

年份 Year	施工项目 Under-construction	#新开工项目 Newly-started Project	部分投产项目 Partially Put-into-operation	全部投产项目 Fully Put-into-operation
1993	2268	963		694
1994	2300	931		678
1995	2286	931		571
1996	2146	920		635
1997	2320	1091		753
1998	2932	1699		696
1999	2632	1033		722
2000	3456	1901		1106
2001	3344	1792	397	825
2002	4203	2171	827	1103
2003	5196	2834	1305	1376
2004	4307	1816	1313	1249
2005	4855	2095	1709	1407
2006	4614	2158	1596	1422
2007	4852	2203	1428	1584
2008	7529	4418	1380	2683
2009	10715	5992	1025	5499
2010	10704	5811	979	6346
2011	14623	10281	715	7968
2012	20501	13364	708	10282
2013	20266	12199		9016
2014	21630	13518		9612
2015	25184	16702		13816
2016	26331	18410		14781
2017	26698	19724		14615
2018	27930	19786		15713
2019	28742	20779		16268
2020	30005	22532		18772
2021	31614	20900		18993
2022	40680	25035		29433

注　1. 1991—2000 年以及 2013—2020 年未细分当年部分投产与全部投产，均为"全部投产项目"。
　　2. 本表只包括当年正式施工的水利工程设施项目和机构能力建设项目，不包括建设投资计划安排的水利前期、规划及专题研究等项目。

Notes　1. The number of projects putting into operation is used for the data of 1991-2000 and 2013-2020, which is not separated into groups of partially-operated and fully-operated.

　　　2. This table only includes water project under construction and capacity building, excluding projects conducted in the early stage such as feasibility studies, planning and special-subject studies.

6-3　2022 年水利建设施工和投产项目个数（按地区分）

Number of Water Projects Under-construction and
Put-into-operation in 2022 (by Region)

单位：个

unit: unit

地区	Region	施工项目 Under-construction	#新开工项目 Newly-started Project	全部投产项目 Fully Put-into-operation
合　计	Total	40680	25035	29433
北　京	Beijing	157	54	14
天　津	Tianjin	108	55	65
河　北	Hebei	1099	745	832
山　西	Shanxi	1857	1373	1442
内蒙古	Inner Mongolia	1118	803	820
辽　宁	Liaoning	1739	1071	1358
吉　林	Jilin	670	563	468
黑龙江	Heilongjiang	1005	948	666
上　海	Shanghai	216	95	101
江　苏	Jiangsu	1436	827	1016
浙　江	Zhejiang	2055	1201	1143
安　徽	Anhui	1098	838	671
福　建	Fujian	948	364	769
江　西	Jiangxi	2439	1878	2208
山　东	Shandong	1114	611	871
河　南	Henan	1181	824	964
湖　北	Hubei	1208	750	840
湖　南	Hunan	2425	1244	2177
广　东	Guangdong	2651	1030	1979
广　西	Guangxi	2113	1487	1537
海　南	Hainan	140	118	56
重　庆	Chongqing	1226	872	706
四　川	Sichuan	2317	718	1488
贵　州	Guizhou	2299	1523	1451
云　南	Yunnan	1892	1040	1123
西　藏	Xizang	577	324	339
陕　西	Shaanxi	2360	1384	1879
甘　肃	Gansu	1390	835	1114
青　海	Qinghai	674	463	514
宁　夏	Ningxia	435	374	297
新　疆	Xinjiang	733	623	525

注　本表只包括当年正式施工的水利工程设施项目和机构能力建设项目，不包括建设投资计划安排的水利前期、规划及专题研究等项目。

Note　This table only includes water projects under construction and capacity building, excluding work conducted in the early stage of the project such as feasibility studies, planning and special-subject studies.

6-4 历年水利建设投资规模和进展

Investment and Progress of Water Project Construction by Year

单位：万元   unit: 10⁴ yuan

年份 Year	在建项目实际 需要总投资 Total Needed Investment of Projects Under-construction	累计完成 投资 Accumulation of Completed Investment	累计新增 固定资产 Accumulation of Newly-increased Fixed Assets	#当年新增 Newly- increased of the Present Year	未完工程累计 完成投资 Completed Investment of Uncompleted Project
2005	59155516	31451336	20427098	5741035	11016751
2006	61205439	32795254	22999308	5414850	9794480
2007	57498856	33186759	22947692	7255913	10236968
2008	66787193	38436646	25225183	8451275	13211463
2009	78208336	46208244	31295254	15546720	14912990
2010	99662055	56693583	38715221	18497877	17978362
2011	117692905	68877470	42433768	19512353	
2012	137031324	89059580	57753110	27566037	
2013	153460025	101423176	55770917	27804200	
2014	199517592	119504637	70210221	33433685	
2015	225806790	145906522	89799183	43734768	
2016	235892045	141743152	91157375	40466678	
2017	280672156	160775624	89253271	41874677	
2018	265638808	167458755	94591932	36108059	
2019	281668864	176494143	99876024	34738432	
2020	317243894	193246066	95383627	44017878	
2021	295021085	183500530	98883688	40178207	
2022	432107229	240178324	124811874	59874775	

注 本表只包括当年正式施工的水利工程设施项目和机构能力项目。

Note The data only includes projects of water infrastructures and capacity building formally initiated in the present year.

6-5　2022 年水利建设投资规模和进展（按地区分）

Investment and Progress of Water Project Construction in 2022
(by Region)

单位：万元　　　　　　　　　　　　　　　　　　　　　　　　　　　　　　unit: 10⁴ yuan

地区	Region	在建项目实际需要总投资 Total Needed Investment of Project under Construction	累计完成投资 Accumulation of Completed Investment	累计新增固定资产 Accumulation of Newly-increased Fixed Assets	#当年新增 Newly- increased of the Present Year
合　计	**Total**	**432107229**	**240178324**	**124811874**	**59874775**
北　京	Beijing	5942042	4646748	2441447	229950
天　津	Tianjin	1951983	1186452	555009	452296
河　北	Hebei	15936233	9158289	3271918	2323108
山　西	Shanxi	8592176	5578127	3012805	894742
内蒙古	Inner Mongolia	7798521	4584103	1059771	541668
辽　宁	Liaoning	4968394	3073828	1980817	1112597
吉　林	Jilin	5925553	5172098	538420	402308
黑龙江	Heilongjiang	2252677	1743870	516249	433241
上　海	Shanghai	12045813	8275057	3906857	736463
江　苏	Jiangsu	21994617	10323082	7504402	4095449
浙　江	Zhejiang	36669073	19181444	8913539	3081713
安　徽	Anhui	19359085	13941793	5433732	3367653
福　建	Fujian	24020139	11121371	4441788	2363176
江　西	Jiangxi	10124900	5638375	3588447	3542011
山　东	Shandong	13905220	8674033	4080296	3027512
河　南	Henan	14540137	9416640	3898399	2536663
湖　北	Hubei	25477173	10498325	3072072	2229392
湖　南	Hunan	8706272	6534830	4762970	4044855
广　东	Guangdong	55078118	20849705	13790398	5826625
广　西	Guangxi	11098067	7216374	3670631	1059518
海　南	Hainan	2558956	1518922	613312	352763
重　庆	Chongqing	12144053	6414239	4853383	2034188
四　川	Sichuan	15384451	8600944	4021287	2294445
贵　州	Guizhou	17509579	11564367	5959215	1855697
云　南	Yunnan	30543833	15995556	8917926	4391265
西　藏	Xizang	1012831	569469	230144	131063
陕　西	Shaanxi	16178864	9411007	3561266	1500416
甘　肃	Gansu	6576123	4608583	2690777	1520139
青　海	Qinghai	3009958	2412454	1794860	379145
宁　夏	Ningxia	1757626	1300682	1200419	631035
新　疆	Xinjiang	19044765	10967556	10529321	2483676

注　本表只包括当年正式施工的水利工程设施项目和机构能力项目。

Note　The data only includes projects of water infrastructures and capacity building formally initiated in the present year.

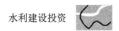

6-6　历年水利建设投资完成额

Completed Investment for Water Project Construction by Year

单位：万元　　　　　　　　　　　　　　　　　　　　　　　　　　　　　　　　　　　　　unit: 10⁴ yuan

年份 Year	完成投资合计 Total Completed Investment	中央投资 Central Government Investment	其他投资 Others
1960	333941		
1961	96041		
1962	77990		
1963	86760		
1964	100800		
1965	101600		
1966	161400		
1967	145800		
1968	88100		
1969	135700		
1970	170400		
1971	210000		
1972	227900		
1973	240900		
1974	236700		
1975	260600		
1976	291400		
1977	286600		
1978	353300		
1979	370400		
1980	270700		
1981	135700		
1982	174737		
1983	211296		
1984	206828		
1985	201580		
1986	228702		
1987	271012		
1988	306454		
1989	355508		
1990	487203		
1991	648677		
1992	971670		
1993	1249260		
1994	1687353		
1995	2063156		
1996	2385240		
1997	3154061		
1998	4676865		
1999	4991476		
2000	6129331	2954199	3175132
2001	5607065	2757822	2849243
2002	8192153	4149894	4042259
2003	7434176	3124746	4309430
2004	7835450	2925784	4909666
2005	7468483	2547065	4921418
2006	7938444	2987571	4950873
2007	9448538	3550444	5898094
2008	10882012	4169558	6712455
2009	18940321	8453697	10486624
2010	23199265	9604835	13594430
2011	30860284	14353990	16506294
2012	39642358	20332106	19310252
2013	37576331	17298370	20277960
2014	40831354	16485110	24346244
2015	54522165	22312410	32209755
2016	60995861	16790762	44205099
2017	71323681	17571183	53752498
2018	66025726	17527438	48498378
2019	67117376	17511092	49606284
2020	81816711	17868781	63947930
2021	75759565	17085856	58673709
2022	108931954	22179448	86752506

6-7 历年水利建设到位投资

Allocated Investment for Water Project Construction by Year

单位: 万元   unit: 10⁴ yuan

年份 Year	计划 投资 Planned Investment	到位投资 合计 Total Allocated Investment	中央投资 Central Government Investment	其他投资 Others
2001	8158739	5820373	3063614	2756759
2002	7873236	6985271	3552762	3432509
2003	8137149	6794217	2926763	3867454
2004	7902719	6393526	2315087	4078439
2005	8273650	7122425	2439757	4682668
2006	9327119	8404460	3428579	4975881
2007	10264653	9208767	3403233	5805533
2008	16040746	14184747	6497568	7687178
2009	17026927	17243218	6560403	10682815
2010	27075729	25800210	13639088	12161123
2011	33481528	32243193	15535845	16707349
2012	40876505	39956593	21100811	18855782
2013	39539765	38210322	17658910	20551412
2014	43450623	43114345	18049685	25064660
2015	48263718	47401460	18632804	28768656
2016	62214867	60576270	16777604	43798666
2017	71882059	70151774	17794492	52357282
2018	65980210	63938343	17529155	46409188
2019	69892344	68753565	17335333	51418232
2020	83294506	80437076	18130461	62306615
2021	80195851	77296105	18675126	58620979
2022	115639913	111463401	21932495	89530906

6-8 2022年水利建设到位投资和投资完成额（按地区分）

Allocated and Completed Investment of Water Project Construction in 2022
(by Region)

单位：万元   unit: 10^4 yuan

地区	Region	计划投资 Planned Investment	到位投资 合计 Total Allocated Investment	#中央投资 Central Government Investment	地方投资 Local Government Investment	完成投资 合计 Total Completed Investment	#中央投资 Central Government Investment	地方投资 Local Government Investment
合 计	Total	115639913	111463401	21932495	60565369	108931954	22179448	60041240
北 京	Beijing	537764	541811	183183	352348	565042	170902	379461
天 津	Tianjin	687498	519698	59921	240654	637540	70242	253565
河 北	Hebei	7219119	6805315	1244495	4790248	5744134	1642772	3199769
山 西	Shanxi	1985535	1960782	418498	1249135	1790847	428769	1097848
内蒙古	Inner Mongolia	1356632	1281167	416369	421955	1203037	404386	455248
辽 宁	Liaoning	2360126	2121788	593001	837441	1898445	546491	818410
吉 林	Jilin	1631652	1524072	428261	493321	1454709	446058	485754
黑龙江	Heilongjiang	1331870	1227949	448616	691316	1259060	477003	696346
上 海	Shanghai	1560220	1520501	2920	1510945	1633610	2913	1622945
江 苏	Jiangsu	6072240	5775571	748569	4141340	5648115	740811	4207223
浙 江	Zhejiang	7268200	7153150	346240	4878998	7185814	353499	4938405
安 徽	Anhui	6172782	6170930	912348	4100733	5931810	1012456	4089542
福 建	Fujian	5803933	5761801	544958	3105963	5635093	531675	3076497
江 西	Jiangxi	5572503	5395870	879090	2401937	5040927	812471	2417413
山 东	Shandong	6069609	5513651	778996	3591579	6054702	809964	3943519
河 南	Henan	6041966	5875003	976305	2445686	5982081	993230	2687720
湖 北	Hubei	6281061	6252436	1395639	3056950	6219548	1405517	3127879
湖 南	Hunan	5661067	5627330	1753240	2341363	5585775	1747344	2355649
广 东	Guangdong	8759534	8741845	568347	6329105	8512003	538878	6400624
广 西	Guangxi	3884907	3572474	1082679	1304961	3424924	1064938	1220557
海 南	Hainan	746070	714194	192412	519782	726666	191335	533331
重 庆	Chongqing	2882753	2666919	1384937	826593	2613767	1302743	802094
四 川	Sichuan	4668596	4624573	1204034	2245105	4029368	1191813	1991275
贵 州	Guizhou	3068895	3058416	569719	1671831	2814891	475241	1725875
云 南	Yunnan	6797095	6215815	837929	2722324	6581287	906016	3337269
西 藏	Xizang	610821	738035	489637	201797	451719	319432	117646
陕 西	Shaanxi	3737392	3628160	1045242	1407443	3735720	1066463	1440829
甘 肃	Gansu	2006561	1903454	577279	1014842	2005144	620961	1048386
青 海	Qinghai	586054	565765	255783	195786	559013	266659	178609
宁 夏	Ningxia	803833	737580	260359	360984	734985	250217	364560
新 疆	Xinjiang	3473623	3267346	1333490	1112903	3272180	1388249	1026992

注 本年投资来源中只单列中央和地方政府投资，利用外资、企业和私人投资以及贷款等投资包含在合计项目中。

Note Only central and local government investment are listed separately in the sources of the investment in the present year and the investments of foreign capital, enterprises, private sector and bank loans are included in the total.

6-9　历年中央水利建设计划投资

Investment Plan of Central Government for Water Projects by Year

单位：万元　　　　　　　　　　　　　　　　　　　　　　　　　　　　　　　　　　unit: 10^4 yuan

年份 Year	合计 Total	中央投资合计								地方配套
		Total Investment of Central Government	国家预算 内拨款 National Budget Allocation	国家预算 内专项资金 Special Funds from National Budget	银行贷款 Bank Loan	水利建设 基金 Water Project Construction Funds	利用外资 Foreign Investment	自筹资金 Self- raising Funds	财政专项 Financial Special Funds	Local Counterpart Funds
1991	655166									
1992	1028934									
1993	1376411									
1994	1886707									
1995	2231891									
1996	2688028	1055600	439600		335000		185000	500	95500	1632428
1997	3384137	1368861	627800		345775	219590	166000	9696		2015276
1998	7101177	3623900	802700	2177900	326900	140000	156400	20000		3477277
1999	7035634	3376228	593800	2334410	105658	180000	149000	13360		3659406
2000	6109753	2641132	573750	1776382	15000	180000	66000	30000		3468621
2001	5731680	3799585	542912	2991024		180000	85649			1932095
2002	5731139	3210070	723500	2235070		140000	111500			2521069
2003	6562394	3272983	802500	2311472		110000	49011			3289411
2004	5239960	2788097	687420	1982876		110000	7801			2451863
2005	4955283	2715788	721895	1883644		110000	249			2239495
2006	6254734	2987103	1587945	1294158		105000				3267631
2007	6326569	3088220	1386312	1578908		120000	3000			3238349
2008	11772273	6254207	5494207			120000			640000	5518066
2009	10674744	6370307	4800307			120000			1450000	4304437
2010	18868884	9840567	7010567			150000			2680000	9028317
2011	20518583	11407487	6540567			280000			4586920	9111096
2012	24693914	16229994	8910567			275000			7044427	8463920
2013	20872164	14083113	7170764			222700			6689649	6789051
2014	24262307	16271456	7671817			61950			8385689	7990851
2015	23814269	16852176	8171117			220000			8461059	6962093
2016	20025747	14158877	8159138						5999739	5866870
2017	23603959	15585510	8935510						6650000	8018449
2018	23360456	15545932	8795932						6750000	7814524
2019	22230249	14660900	9118600						5542300	7569349
2020	25179537	14561901	8919601						5642300	10617636
2021	26443451	14819850	9009650						5810200	11623601
2022	28607678	14856552	8796217						6060335	13751126

注　1. 从 2003 年开始，中央水利建设计划投资包括南水北调当年投资。

　　2. 2007 年中央水利建设计划投资不包括当年中央财政转移支付地方水利专项资金 32 亿元。

　　3. 2008 年中央水利建设计划投资不包括当年小型农田水利建设中央财政专项补助资金 30 亿元。

Notes　1. Investment plans of central government for water project construction since 2003 include those for South-North Water Diversion Project.

　　2. In 2007, investment plans of central government for water project construction exclude 3.2 billion yuan of Central Government funds transferred to special funds of local governments.

　　3. In 2008, investment plans of central government for water project construction exclude 3 billion yuan of special funds to small on-farm irrigation and drainage works from the Central Government Finance.

6-10　2022 年中央水利建设计划投资（按地区分）

Investment Plan of Central Government for Water Projects in 2022 (by Region)

单位：万元　　　　　　　　　　　　　　　　　　　　　　　　　　　　　　unit: 10^4 yuan

地区	Region	合计 Total	中央投资合计 Total Investment of Central Government	国家预算内拨款 National Budget Allocation	财政专项 Financial Special Funds	地方配套 Local Counterpart Funds
合　计	**Total**	**28607678**	**14856552**	**8796217**	**6060335**	**13751126**
北　京	Beijing	10266	10266	4482	5784	
天　津	Tianjin	34112	29112	9400	19712	5000
河　北	Hebei	2822352	1199285	885058	314227	1623067
山　西	Shanxi	414631	360959	149725	211234	53672
内蒙古	Inner Mongolia	750754	401991	256254	145737	348763
辽　宁	Liaoning	560176	460047	314423	145624	100129
吉　林	Jilin	370031	290981	123425	167556	79050
黑龙江	Heilongjiang	563941	422843	224500	198343	141098
上　海	Shanghai					
江　苏	Jiangsu	855906	496044	343252	152792	359862
浙　江	Zhejiang	372325	200191	76700	123491	172134
安　徽	Anhui	1551126	768665	450474	318191	782461
福　建	Fujian	857216	389604	163791	225813	467612
江　西	Jiangxi	1009430	640485	398061	242424	368945
山　东	Shandong	1427274	471786	217091	254695	955488
河　南	Henan	1041696	543178	288354	254824	498518
湖　北	Hubei	983168	618214	376683	241531	364954
湖　南	Hunan	1583841	908288	511814	396474	675553
广　东	Guangdong	1627230	330450	212551	117899	1296780
广　西	Guangxi	720054	466350	234982	231368	253704
海　南	Hainan	530363	190648	152315	38333	339715
重　庆	Chongqing	999180	489615	289942	199673	509565
四　川	Sichuan	1412659	840204	456435	383769	572455
贵　州	Guizhou	898461	447050	215537	231513	451411
云　南	Yunnan	2351670	817044	517325	299719	1534626
西　藏	Xizang	317211	278078	92392	185686	39133
陕　西	Shaanxi	919493	570383	314352	256031	349110
甘　肃	Gansu	521076	400969	173465	227504	120107
青　海	Qinghai	339830	185046	40690	144356	154784
宁　夏	Ningxia	254826	136133	83704	52429	118693
新　疆	Xinjiang	1624337	968495	711138	257357	655842
中央直属	Organizations Directly under the Central	883043	524148	507902	16246	358895

6-11 2022 年中央水利建设计划投资（按项目类型分）
Investment Plan of Central Government for Water Projects in 2022 (by Type)

单位：万元   unit: 10^4 yuan

工 程 类 别 Type of Project		合计 Total	中央投资 Investment of Central Government	国家预算内拨款 National Budget Allocation	财政专项 Financial Special Fund	地方配套 Local Counterpart Funds
合　计	**Total**	**28607678**	**14856552**	**8796217**	**6060335**	**13751126**
一、中央预算内投资	**National Budget Allocation**	**22547343**	**8796217**	**8796217**		**13751126**
（一）国家水网骨干工程	**Major Water Projects**	**16360392**	**5720000**	**5720000**		**10640392**
1. 防洪减灾工程	Flood control and disaster reduction	6637239	2513468	2513468		4123771
1.1 蓄滞洪区建设	Flood storage and detention area					
1.2 其他工程	Others	6637239	2513468	2513468		4123771
2. 水资源配置工程	Optimized allocation of water resources	6819327	1736532	1736532		5082795
3. 重大农业节水工程	Water-saving irrigation	2730889	1370000	1370000		1360889
3.1 大中型灌区续建配套节水改造骨干工程	Continued construction of counterpart system for water saving of large & medium irrigation districts	948341	700210	700210		248131
3.2 新建大型灌区	Newly-constructed large irrigation districts	1782548	669790	669790		1112758
4. 水生态治理工程	Water ecological restoration and improvement	172937	100000	100000		72937
（二）水安全保障工程	**Water Security and Assurance Projects**	**5967254**	**2896127**	**2896127**		**3071127**
1. 流域面积 3000 平方千米以上中小河流治理	Small and medium rivers with a drainage area of more than 3,000 km^2	2765211	1438334	1438334		1326877
2. 重点区域排涝能力建设	Reinforcement of drainage system capability in major areas	580331	241666	241666		338665
3. 大中型病险水库除险加固	Large & Medium risky reservoir reinforcement	662282	414031	414031		248251
4. 中型水库	Medium-sized reservoirs	1567926	466127	466127		1101799
5. 永定河综合治理与生态修复	Water ecological restoration and improvement of Yongdinghe River	135969	135969	135969		
6. 坡耕地水土流失治理	Soil erosion control of slope cultivated land	173952	135680	135680		38272
7. 新建淤地坝	Silt-trap dam construction	81583	64320	64320		17263
（三）行业能力建设	**Capacity Building**	**219697**	**180090**	**180090**		**39607**
1. 部属基础设施建设	MWR basic infrastructures construction	20090	20090	20090		
2. 水文基础设施建设（中央）	Hydrological infrastructure construction (MWR)	70000	70000	70000		
3. 水文基础设施建设（地方）	Hydrological infrastructure construction (local)	89607	50000	50000		39607
4. 前期工作	Early-stage work	40000	40000	40000		
二、中央财政水利发展资金	**Specil Development Funds of Central Government Finance**	**6060335**	**6060335**		**6060335**	

6-12　历年分资金来源中央政府水利建设投资完成额

Completed Investment of Central Government for Basic Water Project Construction by Financial Resources and Year

单位：万元　　　　　　　　　　　　　　　　　　　　　　　　　　　　　　　　　　unit: 10⁴ yuan

年份 Year	完成投资合计 Total Completed Investment	国家预算内拨款 National Budget Allocation	国家预算内专项资金 Special Funds from National Budget	国内贷款 Domestic Loan	债券 Bonds	水利建设基金 Water Project Construction Funds	利用外资 Foreign Investment	自筹资金 Self-raising Funds	其他 Others
2003	3124746	537661	2319549	75825	2080	116441	24625	6890	41674
2004	2925784	845984	1891397	46866		75751	38935	8831	18020
2005	2547065	659224	1769155			90406		3499	24782
2006	2987571	1160369	1728516			70474		3389	24824
2007	3550444	1694283	1737805			83395		16833	18128
2008	4169558	2499243	1326835			215404		2660	125415
2009	8453697	6651275	694317			528613		4111	575381
2010	9604835	6077624	162274			1679759		2338	1682839
2011	14353990	5865385	18996	3459382	4219353	294695		7217	488962
2012	20332106	9423985	49308	6263232	3961091	377388	1349	255754	488962

年份 Year	完成投资合计 Total Completed Investment	国家预算内拨款 National Budget Allocation	国家预算内专项资金 Special Funds from National Budget	财政专项资金 Financial Special Funds	重大水利工程建设基金 Major Water Project Construction Funds	水利建设基金 Water Project Construction Funds	自筹资金 Self-raising Funds	其他 Others
2013	17298370	7739486	18037	5043911	3992849	181873	3863	318352
2014	16485110	8120690	15802	6350347	1070910	142712		784648
2015	22312410	10547144	3698	10675623	475248	66673		544023
2016	16792314	9303026		7247845	10202	9687	7728	213827
2017	17571183	10023960		7209334	65043	3790		269055
2018	17527348	9579176		7556774	205730	5870	3552	176245
2019	17511092	10009124		6726845	26820	109964	1564	636774
2020	17868781	9610948		7848570				409263
2021	17085856	8582481		8049043	18186			436146
2022	22179448	10218887		10772127	217999			970434

注　2014 年开始，中央水利建设计划投资其他项中包括土地出让收益。2021 年财政专项资金包含特别国债154252 万元。

Note　The other items under the Central Government investment plan for water project construction include land sale revenues since 2014. In 2021, Financial Special Funds include Special treasury bonds 1,542.52 million RMB.

6-13 2022年分资金来源中央政府水利建设投资完成额（按地区分）

Completed Investment of Central Government for Basic Water Project Construction by Financial Resources in 2022 (by Region)

单位：万元   unit: 10⁴yuan

地区 / Region	完成投资 合计 Total Completed Investment	国家预算内拨款 National Budget Allocation	财政专项资金 Financial Special Funds	重大水利建设基金 Major Water Project Construction Funds	其他 Others
合 计 Total	**22179448**	**10218887**	**10772127**	**217999**	**970434**
北 京 Beijing	170902	17628	22254	131020	
天 津 Tianjin	70242	34259	35983		
河 北 Hebei	1642772	1273917	368855		
山 西 Shanxi	428769	164834	263935		
内蒙古 Inner Mongolia	404386	252981	151405		
辽 宁 Liaoning	546491	305937	240554		
吉 林 Jilin	446058	124976	296621		24461
黑龙江 Heilongjiang	477003	221082	242282		13640
上 海 Shanghai	2913	1038	1875		
江 苏 Jiangsu	740811	391743	348092	976	
浙 江 Zhejiang	353499	77253	123491		152755
安 徽 Anhui	1012456	691400	321056		
福 建 Fujian	531675	153806	377869		
江 西 Jiangxi	812471	327804	484667		
山 东 Shandong	809964	331625	475409	2930	
河 南 Henan	993230	382297	278620		332314
湖 北 Hubei	1405517	601851	739795	63871	
湖 南 Hunan	1747344	624816	1103326	19202	
广 东 Guangdong	538878	220163	318715		
广 西 Guangxi	1064938	363307	655045		46586
海 南 Hainan	191335	143052	48283		
重 庆 Chongqing	1302743	207870	1094873		
四 川 Sichuan	1191813	501323	400053		290436
贵 州 Guizhou	475241	143842	331159		239
云 南 Yunnan	906016	524229	372126		9660
西 藏 Xizang	319432	172624	144290		2519
陕 西 Shaanxi	1066463	383200	668940		14323
甘 肃 Gansu	620961	246395	332191		42375
青 海 Qinghai	266659	85238	142867		38554
宁 夏 Ningxia	250217	178856	71361		
新 疆 Xinjiang	1388249	1069543	316136		2570

6-14 历年分资金来源地方政府水利建设投资完成额

Completed Investment of Local Government Funding for Water Project Construction by Financial Resources and Year

单位：万元
unit: 10⁴ yuan

年份 Year	完成投资 合计 Total Completed Investment	国家预算内拨款 National Budget Allocation	国家预算内专项资金 Special Funds from National Budget	国内贷款 Domestic Loan	债券 Bonds	水利建设基金 Water Project Construction Funds	利用外资 Foreign Investment	自筹资金 Self-raising Funds	其他 Others
2004	4909666	412915	31012	979490		212152	83381	2954103	236614
2005	3153043	671408	24481			212292		1911277	333585
2006	3328865	771171	118653			290750		1781509	366782
2007	4323681	1005975	219184			594419		2182566	321537
2008	4988317	1404392	277876			389544		2350969	565535
2009	8088050	2648216	593286			526050		3334543	985954
2010	9188067	3102910	785587			472065		3159588	1667918

年份 Year	完成投资 合计 Total Completed Investment	国家预算内拨款 National Budget Allocation	国家预算内专项资金 Special Funds from National Budget	财政专项资金 Financial Special Funds	重大水利工程建设基金 Major Water Project Construction Funds	水利建设基金 Water Project Construction Funds	土地出让收益 Land Revenue	自筹资金 Self-raising Funds	其他 Others
2011	12236742	3122803	272666	2188692	158941	501415	121455	4061132	1809637
2012	14644959	3490796	204461	3778785	387799	823099	256976	3502871	2200172
2013	15420031	3628048	109293	4330599	256673	898681	207592	3602855	2386289
2014	18624883	4699739	8147	5242028	296632	1181742	294426	3398976	3503193
2015	25546426	4949487	138296	8245790	328895	1354664	448265	5731487	4349541

年份 Year	完成投资 合计 Total Completed Investment	省级 Provincial Level	地市级 Prefecture/City Level	县级 County Level
2016	28982085	11841645	6464749	10675691
2017	35781893	13777335	7760770	14243788
2018	32595632	12260908	6841351	13493373
2019	34879289	12383357	7840525	14655407
2020	48478334	15916000	11771189	20791145
2021	42368181	13108522	10352581	18907078
2022	60041240	18702890	10983945	30354405

注　本表的国家预算内专项资金是通过其他渠道下达的中央转贷地方国债资金。2011 年、2012 年、2013 年、2014 年、2015 年"其他"中含水资源费完成投资。

Note　The special funds from national budget in this table are sourced from national bonds transferred from the Central Government to local government. The "Others" of 2011, 2012, 2013, 2014 and 2015 in the table include completed investment sourced from water resources fee.

6-15 2022 年分资金来源地方政府水利建设投资完成额（按地区分）

Completed Investment of Local Government Funding for Water Project Construction by Financial Resources in 2022 (by Region)

单位：万元   unit: 10^4 yuan

地区 Region		完成投资 合计 Total Completed Investment	省级 Provincial Level	地市级 Prefecture/City Level	县级 County Level
合　计	Total	60041240	18702890	10983945	30354405
北　京	Beijing	379461	232633	146828	
天　津	Tianjin	253565	154147	99419	
河　北	Hebei	3199769	276472	708835	2214462
山　西	Shanxi	1097848	633385	221416	243047
内蒙古	Inner Mongolia	455248	285009	96916	73323
辽　宁	Liaoning	818410	309610	291577	217223
吉　林	Jilin	485754	255309	22049	208396
黑龙江	Heilongjiang	696346	289575	51623	355148
上　海	Shanghai	1622945	1095160	495856	31929
江　苏	Jiangsu	4207223	1002172	471920	2733130
浙　江	Zhejiang	4938405	899761	532886	3505758
安　徽	Anhui	4089542	434532	1021373	2633638
福　建	Fujian	3076497	439471	511375	2125652
江　西	Jiangxi	2417413	374136	231304	1811972
山　东	Shandong	3943519	1643197	925573	1374749
河　南	Henan	2687720	673946	465380	1548393
湖　北	Hubei	3127879	332027	1251027	1544824
湖　南	Hunan	2355649	542573	408329	1404747
广　东	Guangdong	6400624	2509785	1101227	2789613
广　西	Guangxi	1220557	824012	131380	265164
海　南	Hainan	533331	423186	101279	8866
重　庆	Chongqing	802094	474021		328072
四　川	Sichuan	1991275	523809	387021	1080445
贵　州	Guizhou	1725875	812825	187349	725701
云　南	Yunnan	3337269	2014291	164975	1158003
西　藏	Xizang	117646	107312	2295	8039
陕　西	Shaanxi	1440829	619135	502070	319624
甘　肃	Gansu	1048386	158276	86886	803225
青　海	Qinghai	178609	121484	46517	10608
宁　夏	Ningxia	364560	199958	22423	142180
新　疆	Xinjiang	1026992	41680	296838	688475

6-16 历年分中央和地方项目水利建设投资完成额

Completed Investment for Water Project Construction Divided by Central and Local Governments and Year

单位：万元   unit: 10⁴ yuan

年份 Year	完成投资 合计 Total Completed Investment	中央项目 完成投资 Completed Investment of Central Government Projects	#国家预算 内投资 Investment from National Budget	地方项目 完成投资 Completed Investment of Local Government Projects	#国家预算 内投资 Investment From National Budget
2004	7835450	1429738	566833	6405712	692066
2005	7468483	1227628	988583	6240855	2438382
2006	7938444	1610784	650071	6327660	510299
2007	9448538	1544575	1380809	7903963	3954252
2008	10882012	1092053	845889	9789959	5267405
2009	18940321	2068697	1458349	16871624	10183409
2010	23199265	4427984	2619536	18771281	9054547
2011	30860284	5974864	4732388	24885419	15369941
2012	39642358	6654250	5474212	32988108	23285733
2013	37576331	4304507	4221775	33271824	21078994
2014	40831354	1436675	1368284	39394679	33741709
2015	54522165	1090890	855888	53431275	20912499
2016	60995861	887197	592292	60108665	
2017	71323681	1126919	896667	70196761	
2018	66025726	1165868	754726	64859858	
2019	67117376	663557		66453819	
2020	81816711	485426		81331285	
2021	75759565	678056		75081509	
2022	108931954	1155248		107776706	

6-17　2022 年分中央和地方项目水利建设投资完成额（按地区分）

Completed Investment for Water Project Construction Divided by Central and Local Governments in 2022(by Region)

单位：万元　　　　　　　　　　　　　　　　　　　　　　　　　　　　　　　　　　　unit: 10⁴ yuan

地区	Region	完成投资合计 Total Completed Investment	中央项目 完成投资 Completed Investment of Central Government Projects	中央投资 Central Government Investment	地方投资 Local Government Investment	地方项目 完成投资 Completed Investment of Local Government Projects	中央投资 Central Government Investment	地方投资 Local Government Investment
合　计	Total	108931954	1155248	806204	73366	107776706	21373244	59967874
北　京	Beijing	565042	147168	144113		417874	26789	379461
天　津	Tianjin	637540	23849	23849		613690	46392	253565
河　北	Hebei	5744134	5495	5495		5738639	1637278	3199769
山　西	Shanxi	1790847	21364	21364		1769483	407405	1097848
内蒙古	Inner Mongolia	1203037	1907	1907		1201130	402479	455248
辽　宁	Liaoning	1898445				1898445	546491	818410
吉　林	Jilin	1454709	3148	3148		1451560	442910	485754
黑龙江	Heilongjiang	1259060	5568	5568		1253492	471436	696346
上　海	Shanghai	1633610	1413	1413		1632197	1500	1622945
江　苏	Jiangsu	5648115	8463	8463		5639652	732348	4207223
浙　江	Zhejiang	7185814	553	553		7185261	352946	4938405
安　徽	Anhui	5931810	4389	4389		5927421	1008067	4089542
福　建	Fujian	5635093	15	15		5635078	531660	3076497
江　西	Jiangxi	5040927				5040927	812471	2417413
山　东	Shandong	6054702	113366	113366		5941337	696599	3943519
河　南	Henan	5982081	118021	118021		5864060	875209	2687720
湖　北	Hubei	6219548	244151	242651		5975397	1162866	3127879
湖　南	Hunan	5585775	826	826		5584949	1746518	2355649
广　东	Guangdong	8512003	8384	8384		8503618	530493	6400624
广　西	Guangxi	3424924	376304	41304	73366	3048620	1023634	1147191
海　南	Hainan	726666				726666	191335	533331
重　庆	Chongqing	2613767	6126	6126		2607641	1296617	802094
四　川	Sichuan	4029368	1220	1220		4028148	1190593	1991275
贵　州	Guizhou	2814891				2814891	475241	1725875
云　南	Yunnan	6581287				6581287	906016	3337269
西　藏	Xizang	451719	868	868		450850	318564	117646
陕　西	Shaanxi	3735720	24028	24028		3711692	1042435	1440829
甘　肃	Gansu	2005144	3533	3533		2001611	617428	1048386
青　海	Qinghai	559013	33422	23934		525591	242726	178609
宁　夏	Ningxia	734985	1668	1668		733316	248549	364560
新　疆	Xinjiang	3272180				3272180	1388249	1026992

6-18 历年分资金来源水利建设投资完成额

Completed Investment for Water Project Construction by Financial Sources and Year

单位：万元

unit: 10⁴ yuan

年份 Year	完成投资 合计 Total Completed Investment	政府投资① Government Investment①	中央 Central	地方 Local	利用外资 Foreign Investment	企业和 私人投资 Company and Private Investment	国内贷款 Domestic Loan	债券 Bonds	其他 Others
2007	9448538	7874125	3550444	4323681	94756	383498	833576	400	262183
2008	10882012	9157875	4169558	4988317	105085	358735	969469		290849
2009	18940321	16541747	8453697	8088050	75675	414027	1528610	63912	316349
2010	23199265	18792902	9604835	9188067	13058	480135	3374355	25299	513516
2011	30860284	26590732	14353990	12236742	44176	749193	2703080	38614	734489
2012	39642358	34977066	20332106	14644959	41295	1133757	2655028	51882	783330
2013	37576331	32718401	17298370	15420031	85724	1607082	1726871	17221	1421031
2014	40831354	35109993	16485110	18624883	43286	899416	2996401	17200	1765057
2015	54522165	47858836	22312410	25546426	75704	1879054	3386394	4461	1316967
2016	60995861	45774399	16792314	28982085	69814	4247073	8795486	38335	2070754
2017	71323681	53353077	17571183	35781893	80395	6007904	9257656	265419	2359231
2018	66025726	50122981	17527348	32595632	48936	5650623	7524538	415948	2262701
2019	67117376	52390381	17511092	34879289	56512	5879988	6362780	99751	2327964
2020	81816711	66347115	17868781	48478334	106736	6904049	6139504	871647	1447660
2021	75759565	59454036	17085856	42368181	81473	7181739	6988854	1042735	1010728
2022	108931954	82220688	22179448	60041240	58618	10654811	14506923	751314	739600

① 政府投资指中央及地方各级政府完成的水利建设的各项财政资金（包括预算内非经营性基金、国债专项资金和水利建设基金等）和政府部门自筹投资等。

① Government investment refers to all sorts of financial funds from Central Government and local governments at all levels (including non-business funds from budget, special funds and bonds and water project construction funds) and self-raising funds of governmental departments.

6-19 2022 年分资金来源水利建设投资完成额（按地区分）

Completed Investment for Water Project Construction by Financial Sources in 2022 (by Region)

单位：万元　　　　　　　　　　　　　　　　　　　　　　　　　　　　　　　　　　　unit: 10⁴ yuan

地区 Region		完成投资 合计 Total Completed Investment	政府投资① Government Investment①	中央 Central	地方 Local	利用外资 Foreign Investment	企业和私人投资 Company and Private Investment	国内贷款 Domestic Loan	债券 Bonds	其他 Others
合　计	Total	108931954	82220688	22179448	60041240	58618	10654811	14506923	751314	739600
北　京	Beijing	565042	550363	170902	379461		11712			2966
天　津	Tianjin	637540	323807	70242	253565		223141	19103		71489
河　北	Hebei	5744134	4842541	1642772	3199769		570189	279541	28466	23397
山　西	Shanxi	1790847	1526616	428769	1097848		118133	139512		6586
内蒙古	Inner Mongolia	1203037	859634	404386	455248		180465	162938		
辽　宁	Liaoning	1898445	1364901	546491	818410		272106	241773		19664
吉　林	Jilin	1454709	931812	446058	485754			465677	51224	5996
黑龙江	Heilongjiang	1259060	1173350	477003	696346		1020	26132	33056	25503
上　海	Shanghai	1633610	1625858	2913	1622945		2645		5107	
江　苏	Jiangsu	5648115	4948033	740811	4207223		551099	94683	54300	
浙　江	Zhejiang	7185814	5291904	353499	4938405	2960	611402	1279549		
安　徽	Anhui	5931810	5101998	1012456	4089542		97970	731842		
福　建	Fujian	5635093	3608172	531675	3076497	2900	884804	751174	262910	125133
江　西	Jiangxi	5040927	3229884	812471	2417413	15883	411464	1383697		
山　东	Shandong	6054702	4753483	809964	3943519		583543	695901		21775
河　南	Henan	5982081	3680949	993230	2687720		1162737	1108594	29800	
湖　北	Hubei	6219548	4533395	1405517	3127879		762370	811338	112445	
湖　南	Hunan	5585775	4102994	1747344	2355649		434394	1048388		
广　东	Guangdong	8512003	6939502	538878	6400624		1251775	320726		
广　西	Guangxi	3424924	2285495	1064938	1220557		240028	799403	40880	59118
海　南	Hainan	726666	724666	191335	533331			2000		
重　庆	Chongqing	2613767	2104837	1302743	802094	36875	210939	260769		348
四　川	Sichuan	4029368	3183089	1191813	1991275		135428	691961	17200	1690
贵　州	Guizhou	2814891	2201115	475241	1725875		189156	330356		94263
云　南	Yunnan	6581287	4243285	906016	3337269		991761	1062156	67314	216771
西　藏	Xizang	451719	437079	319432	117646				14640	
陕　西	Shaanxi	3735720	2507292	1066463	1440829		434697	759759	33972	
甘　肃	Gansu	2005144	1669347	620961	1048386		104384	166887		64526
青　海	Qinghai	559013	445268	266659	178609			113745		
宁　夏	Ningxia	734985	614777	250217	364560		21270	98937		
新　疆	Xinjiang	3272180	2415241	1388249	1026992		196180	660384		375

① 政府投资指中央及地方各级政府完成的水利建设的各项财政资金（包括预算内非经营性基金、国债专项资金和水利建设基金等）和政府部门自筹投资等。

① Government investment refers to all sorts of financial funds from Central Government and local governments at all levels (including non-business funds from budget, special funds and bonds and water project construction funds) and self-raising funds of governmental departments.

6-20　历年分用途水利建设投资完成额

Completed Investment for Water Project Construction by Function and Year

单位：万元

unit: 10⁴ yuan

年份 Year	完成投资 合计 Total Completed Investment	水库 Reservoir	防洪 Flood Control	灌溉 Irrigation	除涝 Drainage	供水 Water Supply	水电 Hydropower	水保及生态 Soil Conservation and Ecological Restoration	机构能 力建设 Capacity Building	前期 工作 Early-stage Work	其他 Others
1963	86760	43349	9735	10915	15006						7755
1979	370400	99352	36856	96545	44911						92736
1980	270700	91673	29628	61211	27240						60948
1981	135700	52191	20783	23579	7469						31678
1982	174737	51607	8641	28606	8323						77560
1983	211296	56110	20271	36301	10250						88364
1984	206828	56174	23682	42147	13752						71073
1985	201580	53477	32567	43146	14887						57503
1986	228702	53937	43456	46689	12542	12272					59806
1987	271012	75211	58208	51691	17169	5222					63511
1988	306454	82400	71690	59632	17501	2533					72698
1989	355508	105133	72675	73017	20855	3674					80154
1990	487203	135140	102015	105913	21430	35619					87086
1991	648677	139023	138463	123888	28583	55188	98356				65176
1992	971670	198994	221794	161717	50616	95338	154145				89066
1993	1249260	308558	236551	176821	39098	119747	243324				125161
1994	1687353	436379	242735	162911	57023	237327	393176				157802
1995	2063156	589771	318514	182524	68919	139079	581660				182689
1996	2385240	919545	362152	231447	73659	143625	486151				168661
1997	3154061	1001367	510191	307183	65073	284668	791548				194031
1998	4676865	1131204	1570617	591833	91479	277736	704240				309756

6-20 续表 continued

年份 Year	完成投资 合计 Total Completed Investment	水库 Reservoir	防洪 Flood Control	灌溉 Irrigation	除涝 Drainage	供水 Water Supply	水电 Hydropower	水保及生态 Soil Conservation and Ecological Restoration	机构能 力建设 Capacity Building	前期 工作 Early-stage Work	其他 Others
1999	4991576	1122989	2266682	280571	109693	287314	473833	120034			330460
2000	6129331	960273	3049937	537250	110118	410900	563284	182927			314642
2001	5607065		3083006	703721	112183	806205	301137	176624	192108	88888	143538
2002	8192153		4407481	1000174	103544	1515592	466745	319977	169155	68250	141236
2003	7434176		3350814	1045892	88164	1206149	622774	519068	161628	93008	346678
2004	7835450		3579295	875545	90180	1307918	715307	587101	71699	103206	505200
2005	7468483		2781555	1065966	146744	1165206	654724	391856	224008	102562	935862
2006	7938444		2787116	1094704	94098	2082293	573234	422184	65560	136359	682897
2007	9448538		2985677	1039159	199132	3011747	664919	603164	88527	116046	740166
2008	10882012		3465187	1165918	235203	3512571	773709	768749	106007	160441	694229
2009	18940321		6287388	2482320	460735	6178105	720419	867355	106040	158802	1679157
2010	23199265		6635903	3342666	210569	7362713	1053896	858998	195615	248711	3290195
2011	30860284		9962265	4691165	220764	8150170	1090134	953860	402459	420380	4969087
2012	39642358		13942837	6344734	316750	12770928	1171955	1181181	595519	407417	2911038
2013	37576331		13044565	6717187	313072	10614102	1644196	1028920	525410	407346	3281531
2014	40831354		14674482	8230453	551045	10291072	2169022	1412978	409444	650643	2442215
2015	54522165		18791182	13917741	511348	13165716	1520851	1929413	292403	1019151	3374362
2016	60995861		19425029	13599045	1345090	12252598	1666460	4037228	569347	1740192	6360871
2017	71323681		22375176	13706228	2012660	13342899	1458477	6826407	314856	1812265	9474713
2018	66025726		20037244	11724463	1716342	13775575	1209965	7414886	469956	1320205	8357090
2019	67117376		20912904	8050500	1984952	16432286	1066847	9134280	634032	1327181	7574393
2020	81816711		25737869	9763641	2280167	21003188	924484	12209480	851815	1573133	7472932
2021	75759565		22906848	8269786	2063156	20394681	788081	11235629	798825	1364920	7937640
2022	108931954		32433277	13486169	3850514	31249006	1073337	16254650	1243702	2040878	7300421

注 1998 年前未细分出水保及生态，均放于"其他"中；2001 年以后，水库投资已按用途分摊到有关工程类型中。

Note Soil and water conservation and ecological restoration projects are grouped into "other projects" before the year of 1998. After the year of 2001, the investment of reservoir has been grouped into other projects in accordance with its function.

6-21 2022年分用途水利建设投资完成额（按地区分）

Completed Investment for Water Project Construction by Function in 2022
(by Region)

单位：万元   unit: 10⁴ yuan

地区	Region	完成投资合计 Total Completed Investment	防洪 Flood Control	灌溉 Irrigation	除涝 Drainage	供水 Water Supply	水电 Hydropower	水保及生态 Soil Conservation and Ecological Restoration	机构能力建设 Capacity Building	前期工作 Early-stage Work	其他 Others
合　计	Total	108931954	32433277	13486169	3850514	31249006	1073337	16254650	1243702	2040878	7300421
北　京	Beijing	565042	73148		14207	216927		236109	6615	3006	15029
天　津	Tianjin	637540	50775	13132	82098	169710		235413	2507	9136	74768
河　北	Hebei	5744134	1514821	408118	30166	1726824	4671	1005118	30728	58873	964815
山　西	Shanxi	1790847	467832	158864	30982	534783	6871	401776	33447	145482	10811
内蒙古	Inner Mongolia	1203037	242455	102627	6700	748971	705	87149	6659	3225	4547
辽　宁	Liaoning	1898445	495366	116911	17157	455460	130000	201410	12502	63340	406298
吉　林	Jilin	1454709	326363	75711	13966	322991	116	612089	4002	6824	92646
黑龙江	Heilongjiang	1259060	482427	187126	39728	83959	11900	216963	11135	46002	179821
上　海	Shanghai	1633610	389065	19089	202188			933657	205	2099	87307
江　苏	Jiangsu	5648115	2119058	852287	497209	371796	2608	1086132	89524	404308	225193
浙　江	Zhejiang	7185814	3847782	333171	429275	1135147	65203	636815	160798	53974	523650
安　徽	Anhui	5931810	2744596	524041	312432	1221902	4000	519236	21216	34082	550303
福　建	Fujian	5635093	1824962	180216	255997	1899465	30214	980766	64680	178762	220031
江　西	Jiangxi	5040927	1490997	774637	233099	1335492	6859	993356	149598	33158	23730
山　东	Shandong	6054702	2797608	636427	95353	1502690		498651	20024	23775	480174
河　南	Henan	5982081	2029780	868834	84082	1667231	1583	856301	22074	364187	88011
湖　北	Hubei	6219548	1530657	480560	436395	1424765	179036	1684536	164615	56788	262197
湖　南	Hunan	5585775	1909280	1318946	392942	1076101	25906	615050	74756	80678	92119
广　东	Guangdong	8512003	1937334	269592	350883	3310983	9069	1866222	54606	117461	595851
广　西	Guangxi	3424924	1263447	807935	50066	442735	180006	127358	43726	40105	469545
海　南	Hainan	726666	246215	21922	3039	186115	4000	14977	22577	12818	215003
重　庆	Chongqing	2613767	602202	260841	9708	947344	12171	190759	45841	25217	519685
四　川	Sichuan	4029368	998874	973779	61506	1195405	7060	353278	66195	52523	320749
贵　州	Guizhou	2814891	313962	299138	62418	1671678	130907	185866	13406	23687	113829
云　南	Yunnan	6581287	858241	1529634	49775	3665545	5900	226293	23331	19825	202742
西　藏	Xizang	451719	137477	55050	1013	74807	46636	28054	2124	6888	99670
陕　西	Shaanxi	3735720	717884	169934	65155	1560110	22953	842123	30811	46060	280689
甘　肃	Gansu	2005144	330487	392245	3474	919569	1200	311206	11263	21461	14239
青　海	Qinghai	559013	136939	184148	1200	103588	6405	66429	2906	157	57242
宁　夏	Ningxia	734985	58441	275753	6718	274211		83898	18780	3579	13604
新　疆	Xinjiang	3272180	494804	1195501	11580	1002703	177358	157661	33052	103398	96124

6-22 历年各水资源分区水利建设投资完成额

Completed Investment for Water Project Construction
by Water Resources Sub-region and Year

单位：亿元　　　　　　　　　　　　　　　　　　　　　　　　　　　　　　　　　　　　unit: 10⁸ yuan

年份 Year	完成投资 合计 Total Completed Investment	松花江区 Songhua River	辽河区 Liaohe River	海河区 Haihe River	黄河区 Yellow River	淮河区 Huaihe River	长江区 Yangtze River	珠江区 Pearl River	东南诸河区 Rivers in Southeast	西南诸河区 Rivers in Southwest	西北诸河区 Rivers in Northwest
1991	64.87	2.39	3.00	3.88	11.08	5.99	18.84	9.51			
1992	97.17	4.71	3.62	6.40	16.35	9.37	32.11	12.26			
1993	124.93	3.77	6.20	11.62	24.26	7.74	39.27	13.49			
1994	168.74	6.13	5.21	12.38	33.36	12.08	51.47	21.04			
1995	206.32	5.38	6.96	14.00	52.51	16.15	59.88	17.38			
1996	238.52	4.08	3.63	20.34	68.03	17.17	58.17	21.95			
1997	315.41	5.01	2.81	20.91	92.58	18.25	72.32	38.39			
1998	467.56	13.47	3.54	31.28	116.17	29.78	125.73	50.36			
1999	499.16	6.29	26.4	21.44	104.67	33.85	157.97	43.47			
2000	612.93	9.42	24.23	47.21	95.84	38.25	218.37	62.45			
2001	560.71	16.49	7.47	33.54	100.03	32.83	186.58	50.86			
2002	819.22	38.95	12.43	62.20	108.50	46.20	283.38	77.17			
2003	743.42	41.54	10.19	61.83	86.86	51.32	210.65	66.39			
2004	783.55	32.63	11.54	55.43	108.92	84.52	207.31	69.22			
2005	746.85	30.89	21.77	51.60	95.04	80.70	210.76	81.38	91.17	16.83	66.69
2006	793.84	31.44	23.88	112.82	78.46	87.15	219.32	76.83	73.69	16.48	73.80
2007	944.85	33.13	28.55	101.84	111.53	130.89	290.87	75.21	75.59	21.85	75.40
2008	1088.20	38.20	40.88	81.91	123.09	118.48	375.07	100.30	88.54	25.79	95.95
2009	1894.03	73.67	81.11	160.97	281.24	206.18	614.21	195.60	117.72	38.41	124.91
2010	2319.93	74.47	53.95	247.07	341.84	171.35	808.78	262.40	169.50	64.49	126.09
2011	3086.03	124.36	75.43	220.53	528.32	225.73	1230.97	285.94	194.66	68.42	131.67
2012	3964.24	198.92	111.42	274.40	709.14	288.06	1487.49	294.51	293.46	118.04	188.79
2013	3757.63	106.49	125.95	330.83	386.57	366.86	1713.12	256.09	64.95	157.19	249.57
2014	4083.14	235.93	152.26	362.67	354.91	375.22	1712.14	312.55	239.56	163.86	174.04
2015	5452.22	428.96	178.11	533.72	512.35	506.46	1697.25	568.15	458.18	264.21	304.84
2016	6099.59	387.14		552.87	605.33	594.23	1954.70	667.17	765.04	255.44	317.65
2017	7132.37	269.98	83.18	491.54	720.64	568.36	2590.92	747.39	904.66	247.88	507.82
2018	6602.57	290.39	62.39	342.00	667.42	592.37	2441.24	712.79	880.15	245.54	368.29
2019	6711.74	202.10	113.32	478.02	582.05	734.99	2432.58	719.08	870.00	216.31	363.29
2020	8181.67	204.71	111.43	649.62	866.16	1224.53	2698.14	967.22	909.00	170.47	380.41
2021	7575.96	138.09	126.21	546.42	978.33	760.10	2504.62	1058.60	910.09	187.23	366.27
2022	10893.20	274.14	249.45	908.00	1238.34	1021.37	3940.54	1480.23	1143.60	237.73	399.79

注　2005 年以前，本表按照流域统计当年投资完成额，其中东南诸河区、西南诸河区、西北诸河区未作细分。2016 年松花江区含辽河区数据。

Note　Before the year of 2005, the completed investment of the year in this table is calculated based on river basins, and the data of rivers in southeast, rivers in southwest, rivers in northwest, are not given. The data of Liaohe River is included in the Songhua River in 2016.

6-23　2022年各水资源分区水利建设投资完成额（按地区分）

Completed Investment for Water Project Construction by Water Resources Sub-region in 2022 (by Region)

单位：万元　　　　　　　　　　　　　　　　　　　　　　　　　　　　　　　　　　　　　unit: 10⁴ yuan

地区	Region	完成投资合计 Total Completed Investment	松花江区 Songhua River	辽河区 Liaohe River	海河区 Haihe River	黄河区 Yellow River	淮河区 Huaihe River	长江区 Yangtze River	珠江区 Pearl River	东南诸河区 Rivers in Southeast	西南诸河区 Rivers in Southwest	西北诸河区 Rivers in Northwest
合　计	**Total**	**108931954**	**2741357**	**2494534**	**9080037**	**12383398**	**10213690**	**39405440**	**14802318**	**11435995**	**2377289**	**3997895**
北　京	Beijing	565042			565042							
天　津	Tianjin	637540			637540							
河　北	Hebei	5744134			5744134							
山　西	Shanxi	1790847			519186	1271661						
内蒙古	Inner Mongolia	1203037	117695	516358	8731	465881						94372
辽　宁	Liaoning	1898445	80073	1807997	10375							
吉　林	Jilin	1454709	1284529	170179								
黑龙江	Heilongjiang	1259060	1259060									
上　海	Shanghai	1633610						1633610				
江　苏	Jiangsu	5648115					2686016	2962099				
浙　江	Zhejiang	7185814						1384912		5800902		
安　徽	Anhui	5931810					2633802	3298008				
福　建	Fujian	5635093								5635093		
江　西	Jiangxi	5040927						5040927				
山　东	Shandong	6054702			867615	3498987	1688100					
河　南	Henan	5982081			727415	1627140	3205771	421755				
湖　北	Hubei	6219548						6219548				
湖　南	Hunan	5585775						5425579	160197			
广　东	Guangdong	8512003							8512003			
广　西	Guangxi	3424924						80879	3344045			
海　南	Hainan	726666							726666			
重　庆	Chongqing	2613767						2613767				
四　川	Sichuan	4029368				11623		4017745				
贵　州	Guizhou	2814891						1829567	985323			
云　南	Yunnan	6581287						3572369	1074085		1934833	
西　藏	Xizang	451719						9262			442457	
陕　西	Shaanxi	3735720				3015737		719983				
甘　肃	Gansu	2005144				1338726		155879				510539
青　海	Qinghai	559013				418658		19551				120804
宁　夏	Ningxia	734985				734985						
新　疆	Xinjiang	3272180										3272180

6-24 历年分隶属关系水利建设投资完成额

Completed Investment for Water Project Construction by Ownership and Year

单位：万元   unit: 10^4 yuan

年份 Year	完成投资 合计 Total Completed Investment	中央属 Central Government	省属 Provincial Governments	地市属 Prefectures and Cities	县属 Counties	其他 Others
2000	6129331	1385363	2465371	1187976	974035	116586
2001	5607065	1219487	2237784	1070939	976605	102250
2002	8192153	1250858	3454247	1818716	1668332	
2003	7434176	964952	3239531	1458719	1699661	71313
2004	7835450	1429738	2900010	1642748	1518628	343126
2005	7468483	1227628	2548527	1882009	1579786	230533
2006	7938444	1610784	2260775	2010232	1825458	231196
2007	9448538	1544575	2891368	2389052	2266202	357341
2008	10882012	1092053	3193009	2675569	3667281	254100
2009	18940321	2068697	4693782	4906296	7119662	151884
2010	23199265	4427984	5147607	4886393	8160858	576423
2011	30860284	5974864	5766091	5401723	13539071	178534
2012	39642358	6654250	7100709	6133605	19751460	2333
2013	37576331	4304507	7201760	5405134	20578714	86216
2014	40831354	1436675	8882262	5732513	24660484	119421
2015	54522165	1090890	12009713	8324721	32395780	701061
2016	60995861	887197	12969444	12188351	34425189	525681
2017	71323681	1126919	13904614	13437179	42827706	27262
2018	66025726	1165868	11024225	11898439	41856591	80602
2019	67117376	663557	10677876	14669016	41033646	73280
2020	81816711	485426	12382542	19189575	49696006	63162
2021	75759565	678056	11649800	15362502	48069207	
2022	108931954	1155248	13918428	20236796	73616821	4661

6-25 2022 年分隶属关系水利建设投资完成额（按地区分）

Completed Investment for Water Project Construction by Ownership in 2022 (by Region)

单位：万元   unit: 10⁴ yuan

地区	Region	完成投资 合计 Total Completed Investment	中央属 Central Government	省属 Provincial Governments	地市属 Prefectures and Cities	县属 Counties
合　计	**Total**	**108931954**	**1155248**	**13918428**	**20236796**	**73616821**
北　京	Beijing	565042	147168	149539	258824	9511
天　津	Tianjin	637540	23849	458435	155255	
河　北	Hebei	5744134	5495	71281	1601307	4066051
山　西	Shanxi	1790847	21364	378865	222278	1168341
内蒙古	Inner Mongolia	1203037	1907	338256	217815	645059
辽　宁	Liaoning	1898445		347667	564675	985973
吉　林	Jilin	1454709	3148	150742	319527	981291
黑龙江	Heilongjiang	1259060	5568	169078	136447	947064
上　海	Shanghai	1633610	1413	997071	393728	241398
江　苏	Jiangsu	5648115	8463	321146	1197956	4120551
浙　江	Zhejiang	7185814	553	94223	690055	6400983
安　徽	Anhui	5931810	4389	527981	1107389	4292051
福　建	Fujian	5635093	15	71684	973191	4590204
江　西	Jiangxi	5040927		257785	667932	4115210
山　东	Shandong	6054702	113366	962809	1671535	3306992
河　南	Henan	5982081	118021	821645	1544644	3497771
湖　北	Hubei	6219548	244151	287538	1517416	4170443
湖　南	Hunan	5585775	826	385535	523984	4675431
广　东	Guangdong	8512003	8384	1011790	2172640	5318745
广　西	Guangxi	3424924	376304	766822	705716	1572965
海　南	Hainan	726666		603845	72855	49966
重　庆	Chongqing	2613767	6126	373005	54091	2180545
四　川	Sichuan	4029368	1220	514711	377138	3136298
贵　州	Guizhou	2814891		272165	240083	2302643
云　南	Yunnan	6581287		1655215	458459	4467607
西　藏	Xizang	451719	868	64866	141404	244518
陕　西	Shaanxi	3735720	24028	562603	890422	2258668
甘　肃	Gansu	2005144	3533	116691	271546	1613373
青　海	Qinghai	559013	33422	127324	22634	375633
宁　夏	Ningxia	734985	1668	316072	34426	382817
新　疆	Xinjiang	3272180		742037	1031423	1498720

6-26　历年分建设性质水利建设投资完成额

Completed Investment of Water Projects by Construction Type and Year

单位：万元　　　　　　　　　　　　　　　　　　　　　　　　　　　　　　　　　　unit: 10^4 yuan

年份 Year	完成投资 合计 Total Completed Investment	新建 Newly- constructed	扩建 Expansion	改建 Rehabilitation	建造生活 设施 Domestic Facilities	迁建 Relocation Construction	恢复 Restoration	单纯购置 Procurement Only	前期工作 Early-stage Work
2004	7835450	5232176	787089	1648118	1697	552	160443	5376	
2005	7468483	5169892	913465	1254193	5989	435	116656	7852	
2006	7938444	5836456	679318	1243188		13730	58633	5082	102036
2007	9448538	6622152	809702	1855168		1888	78782	10328	70518
2008	10882012	6937057	809372	2881669	12990	14725	148107	8967	69126
2009	18940321	11696786	1340990	5704611	1291	10202	54847	6191	125403
2010	23199265	16492525	1262254	5091019		12872	228757	15949	95888
2011	30860284	21901730	1789445	6385538	6766	26135	278805	63158	408708
2012	39642358	25536930	1299875	12321437		48364	241298	33045	161409
2013	37576331	25553378	1477689	9611358		15728	300676	94565	522008
2014	40831354	28633614	2327562	8894558		8277	371433	66884	529025
2015	54522165	40077117	2920473	10667646		14165	328103	144340	370321
2016	60995861	47757408	3841636	8432564	32325	48579	546026	101612	235712
2017	71323681	55075463	3898865	11097559	13128	31111	646282	235608	325666
2018	66025726	51495714	2639430	10389443	310	32796	352788	276927	838319
2019	67117376	52027712	2028760	12081635	4984	39536	217876	244893	471979
2020	81816711	60090685	2960084	17333362	13242	53811	241309	493481	630736
2021	75759565	57459768	2544043	13950178	29296	85645	389011	667549	634075
2022	108931954	79470399	4083017	22472439	81162	57448	1250450	583326	933713

6-27　2022年分建设性质水利建设投资完成额（按地区分）

Completed Investment of Water Projects by Construction Type in 2022
(by Region)

单位：万元 unit: 10⁴ yuan

地区	Region	完成投资								
		合计 Total Completed Investment	新建 Newly- constructed	扩建 Expansion	改建 Rehabilitation	建造生活 设施 Domestic Facilities	迁建 Relocation Construction	恢复 Restoration	单纯购置 Procurement Only	前期工作 Early-stage Work
合　计	**Total**	**108931954**	**79470399**	**4083017**	**22472439**	**81162**	**57448**	**1250450**	**583326**	**933713**
北　京	Beijing	565042	380172		171523			8347	684	4317
天　津	Tianjin	637540	434522	17455	141954			39589		4020
河　北	Hebei	5744134	3908664		1804665		20000	9612	1090	103
山　西	Shanxi	1790847	1442388	90881	234975	30		18582	1118	2874
内蒙古	Inner Mongolia	1203037	991137		199525				8204	4170
辽　宁	Liaoning	1898445	1503813	12565	185596	1877	13009	27908	95241	58437
吉　林	Jilin	1454709	1407252		2758			22977	8838	12884
黑龙江	Heilongjiang	1259060	1059411	49538	148220					1892
上　海	Shanghai	1633610	1487897	4716	110121	459		30005		412
江　苏	Jiangsu	5648115	4264091	326836	966227	2266	7181		11767	69748
浙　江	Zhejiang	7185814	5133508	439616	1402697		4830	136298	1301	67565
安　徽	Anhui	5931810	5537744	73236	309988		1000	1064	10	8768
福　建	Fujian	5635093	4769896	302571	348139	31685	910	74764	9766	97361
江　西	Jiangxi	5040927	2884445	180247	1913380		490	20635	11552	30178
山　东	Shandong	6054702	2785410	968999	2291130			7783		1380
河　南	Henan	5982081	2575931	339185	2367934	1419		689710	2077	5825
湖　北	Hubei	6219548	3730676	310600	1657273	4367		14216	245073	257342
湖　南	Hunan	5585775	3299625	299065	1906248		2421	20126	33551	24739
广　东	Guangdong	8512003	6885346	330408	1162641	30710	4000	6508	16940	75450
广　西	Guangxi	3424924	2891830	41595	397796	252	3165	45521	12462	32302
海　南	Hainan	726666	672551	6048	41562			13		6492
重　庆	Chongqing	2613767	2366379	50513	163801		350	4148	7746	20830
四　川	Sichuan	4029368	3738567		255035				4335	31431
贵　州	Guizhou	2814891	2670491	52879	72603	2670		6352	4769	5128
云　南	Yunnan	6581287	6195455	126470	183759			4011	24659	46934
西　藏	Xizang	451719	390332	20307	29945	307	8	8410	1348	1062
陕　西	Shaanxi	3735720	643985	16077	2963359			26469	42769	43061
甘　肃	Gansu	2005144	1783475	17493	187579	4824	83	8776	1479	1435
青　海	Qinghai	559013	558339		674					
宁　夏	Ningxia	734985	514411	3000	194473	15		18038	1972	3075
新　疆	Xinjiang	3272180	2562653	2720	656862	279		590	34577	14500

6-28 历年分建设阶段水利建设投资完成额

Completed Investment of Water Projects by Construction Stage and Year

单位：万元   unit: 10⁴ yuan

年份 Year	完成投资 合计 Total Completed Investment	筹建 Preparation	当年正式施工 Start Construction at the Present Year	当年收尾 Completed at the Present Year	全部停缓建 Suspended or Cancelled	单纯购置 Procurement Only	前期工作 Early-stage Work
2003	7434176	45986	7206884	170562	3510	7234	
2004	7835450	141607	7406704	273994	7763	5384	
2005	7468483		7394937	56826	8867	7852	
2006	7938444	40716	7651806	132829	14226	5082	93784
2007	9448538	61830	9017110	259879	11690	8836	89193
2008	10882012	82697	10607800	80926	11540	8967	90082
2009	18940321	352473	18322138	112391	23122	6191	124006
2010	23199265	211602	22783218	25864	8067	15949	154565
2011	30860284	556487	29784426	45422	2083	63158	408708
2012	39642358	687320	38714955	40132	5498	33045	161409
2013	37576331	696244	36176897	12888	8999	94565	584680
2014	40831354	1397937	38766904	22227	17572	66884	559830
2015	54522165	665889	53323533	8625	9457	144340	370321
2016	60995861	816181	59691186	57777	77366	117639	235712
2017	71323681	902775	69379202	476874	3517	235608	325706
2018	66025726	730752	63746368	429387	3918	276977	838324
2019	67117376	386867	65671707	317471	11307	258045	471979
2020	81816711	767758	79285547	623873	15316	493481	630736
2021	75759565	658030	71063052	2710671	11281	682455	634075
2022	108931954	293035	105439845	1682102		583326	933645

6-29 2022 年分建设阶段水利建设投资完成额（按地区分）

Completed Investment of Water Projects by Construction Stage in 2022
(by Region)

单位：万元　　　　　　　　　　　　　　　　　　　　　　　　　　　　　　　　　unit: 10⁴ yuan

地区	Region	完成投资 合计 Total Completed Investment	筹建 Preparation	当年正式施工 Start Construction at the Present Year	当年收尾 Completed at the Present Year	全部停缓建 Suspended or Cancelled	单纯购置 Procurement Only	前期工作 Early-stage Work
合 计	Total	108931954	293035	105439845	1682102		583326	933645
北 京	Beijing	565042		560042			684	4317
天 津	Tianjin	637540	2348	631172				4020
河 北	Hebei	5744134	22694	5720247			1090	103
山 西	Shanxi	1790847	2609	1783945	301		1118	2874
内蒙古	Inner Mongolia	1203037		1190663			8204	4170
辽 宁	Liaoning	1898445	265	1719738	24765		95241	58437
吉 林	Jilin	1454709		1423128	9859		8838	12884
黑龙江	Heilongjiang	1259060		1257168				1892
上 海	Shanghai	1633610	18156	1272220	342822			412
江 苏	Jiangsu	5648115	11175	5481907	73519		11767	69748
浙 江	Zhejiang	7185814	17385	7099497	66		1301	67565
安 徽	Anhui	5931810	1000	5878913	43119		10	8768
福 建	Fujian	5635093	60587	5272898	194480		9766	97361
江 西	Jiangxi	5040927	9	4999188			11552	30178
山 东	Shandong	6054702		6053279	44			1380
河 南	Henan	5982081	37635	5936544			2077	5825
湖 北	Hubei	6219548	30	5693756	23347		245073	257342
湖 南	Hunan	5585775	15	5527419	52		33551	24739
广 东	Guangdong	8512003	24655	7919788	475170		16940	75450
广 西	Guangxi	3424924	6814	3270537	102876		12462	32234
海 南	Hainan	726666	181	719993				6492
重 庆	Chongqing	2613767	8570	2576622			7746	20830
四 川	Sichuan	4029368	51445	3942157			4335	31431
贵 州	Guizhou	2814891	4725	2776730	23539		4769	5128
云 南	Yunnan	6581287	457	6166308	342929		24659	46934
西 藏	Xizang	451719	12501	415900	20907		1348	1062
陕 西	Shaanxi	3735720	1360	3648530			42769	43061
甘 肃	Gansu	2005144	8336	1993893			1479	1435
青 海	Qinghai	559013	84	558929				
宁 夏	Ningxia	734985		725630	4308		1972	3075
新 疆	Xinjiang	3272180		3223104			34577	14500

6-30 历年分规模水利建设投资完成额

Completed Investment of Water Projects by Size of Water Project and Year

单位：万元

年份 Year	完成投资 合计 Total Completed Investment	大中型 Large and Medium	小型 Small	其他 Others
2004	7835450	2259955	5365376	210120
2005	7468483	3263029	3766332	439121
2006	7938444	2961707	4451579	525158
2007	9448538	3183673	5485744	779121
2008	10882012	2539432	8179610	162970
2009	18940321	4502610	14205434	232277
2010	23199265	6878706	16093909	226650
2011	30860284	9452390	20863449	544445
2012	39642358	11694575	27575237	372546
2013	37576331	9059372	27632787	884172
2014	40831354	7085221	33088136	657997
2015	54522165	8599941	45402114	520110
2016	60995861	10800283	49719523	476055
2017	71323681	14304835	56350991	667854
2018	66025726	11835058	51689130	2501539
2019	67117376	10667722	55356816	1092839
2020	81816711	16354497	64421106	1041107
2021	75759565	16900457	57413278	1445830
2022	108931954	21565402	84233014	3133538

6-31 2022 年分规模水利建设投资完成额（按地区分）

Completed Investment of Water Projects by Size of Project in 2022 (by Region)

单位：万元   unit: 10^4 yuan

地区 Region		完成投资			
		合计 Total Completed Investment	大中型 Large and Medium	小型 Small	其他 Others
合 计	**Total**	**108931954**	**21565402**	**84233014**	**3133538**
北 京	Beijing	565042	193700	367644	3698
天 津	Tianjin	637540	22807	610713	4020
河 北	Hebei	5744134	1351571	4349669	42894
山 西	Shanxi	1790847	112300	1675779	2768
内蒙古	Inner Mongolia	1203037	421487	767901	13650
辽 宁	Liaoning	1898445	351598	1440596	106251
吉 林	Jilin	1454709	197242	1255106	2361
黑龙江	Heilongjiang	1259060	15376	1241792	1892
上 海	Shanghai	1633610	320738	1311659	1213
江 苏	Jiangsu	5648115	937154	4623385	87576
浙 江	Zhejiang	7185814	1579140	5208191	398483
安 徽	Anhui	5931810	1404977	4522723	4110
福 建	Fujian	5635093	580007	4867860	187226
江 西	Jiangxi	5040927	410189	4589008	41730
山 东	Shandong	6054702	1505678	4484342	64682
河 南	Henan	5982081	970992	4983108	27981
湖 北	Hubei	6219548	427334	5781302	10912
湖 南	Hunan	5585775	511114	5019946	54716
广 东	Guangdong	8512003	2017614	5340013	1154375
广 西	Guangxi	3424924	782461	2620330	22132
海 南	Hainan	726666	459105	260164	7397
重 庆	Chongqing	2613767	442780	2140854	30133
四 川	Sichuan	4029368	1072441	2956926	
贵 州	Guizhou	2814891	218581	2574881	21428
云 南	Yunnan	6581287	1959699	3946129	675459
西 藏	Xizang	451719	79918	363016	8785
陕 西	Shaanxi	3735720	1228828	2417672	89220
甘 肃	Gansu	2005144	199045	1802162	3937
青 海	Qinghai	559013	210227	348753	34
宁 夏	Ningxia	734985	295902	427063	12019
新 疆	Xinjiang	3272180	1285396	1934326	52457

6-32 历年分构成水利建设投资完成额

Completed Investment of Water Projects by Year and Composition of Funds

单位：万元   unit: 10^4 yuan

年份 Year	完成投资 合计 Total Completed Investment	建筑工程 Construction Project	安装工程 Installation	设备工器具购置 Procurement of Machinery and Equipment	其他 Others
2004	7835450	5526833	276530	436531	1595556
2005	7468483	5306556	269855	398472	1493600
2006	7938444	5837364	318550	384313	1398217
2007	9448538	6725242	465282	568467	1689547
2008	10882012	7815009	674188	599969	1792847
2009	18940321	12972462	1133765	1250000	3584094
2010	23199265	15248673	1096243	1245116	5609232
2011	30860284	21032078	1216941	1152076	7459189
2012	39642358	27364953	2377877	1781362	8118166
2013	37576331	27828417	1735750	1610647	6401516
2014	40831354	30863756	1850155	2061439	6056004
2015	54522165	41508222	2287941	1987101	8738901
2016	60995861	44220022	2544739	1728498	12502603
2017	71323681	50696887	2658070	2117097	15851627
2018	66025726	48772479	2808603	2143718	12300927
2019	67117376	49878904	2430564	2210504	12597405
2020	81816711	60148986	3196508	2500343	15970874
2021	75759565	58512560	3300614	2036241	11910150
2022	108931954	84916860	4860108	2865836	16289149

6-33 2022 年分构成水利建设投资完成额（按地区分）

Completed Investment of Water Projects by Composition of Funds in 2022
(by Region)

单位：万元
unit: 10⁴ yuan

地区	Region	完成投资 合计 Total Completed Investment	建筑工程 Construction Project	安装工程 Installation	设备工器具购置 Procurement of Machinery and Equipment	其他 Others
合　计	**Total**	**108931954**	**84916860**	**4860108**	**2865836**	**16289149**
北　京	Beijing	565042	458685	10025	4520	91812
天　津	Tianjin	637540	423360	17746	63923	132511
河　北	Hebei	5744134	3463092	379405	281610	1620026
山　西	Shanxi	1790847	1456856	55797	88541	189653
内蒙古	Inner Mongolia	1203037	991375	23704	66278	121681
辽　宁	Liaoning	1898445	1356524	40166	29519	472236
吉　林	Jilin	1454709	1276543	46227	27879	104060
黑龙江	Heilongjiang	1259060	988963	30407	12215	227475
上　海	Shanghai	1633610	1269391	36199		328019
江　苏	Jiangsu	5648115	4064938	250537	91050	1241590
浙　江	Zhejiang	7185814	5499038	145306	67915	1473555
安　徽	Anhui	5931810	4703127	175366	145112	908205
福　建	Fujian	5635093	4656475	105613	54352	818653
江　西	Jiangxi	5040927	4036472	292981	76610	634864
山　东	Shandong	6054702	4372956	353665	256847	1071235
河　南	Henan	5982081	4545424	360487	106201	969969
湖　北	Hubei	6219548	5137287	213046	226155	643060
湖　南	Hunan	5585775	4759060	381328	205365	240022
广　东	Guangdong	8512003	6742927	399946	83133	1285996
广　西	Guangxi	3424924	2508115	74381	113081	729347
海　南	Hainan	726666	400905	6379	1676	317706
重　庆	Chongqing	2613767	1845510	171734	106732	489790
四　川	Sichuan	4029368	3035850	348260	187597	457660
贵　州	Guizhou	2814891	2244661	222615	89141	261474
云　南	Yunnan	6581287	5800679	202015	91812	486781
西　藏	Xizang	451719	396323	6835	3119	45441
陕　西	Shaanxi	3735720	3154200	128106	107026	346387
甘　肃	Gansu	2005144	1653441	103401	61576	186726
青　海	Qinghai	559013	487805	2907	6113	62187
宁　夏	Ningxia	734985	569800	53928	49658	61599
新　疆	Xinjiang	3272180	2620080	221594	161079	269427

6-34 历年水利建设当年完成工程量

Completed Working Load by Year

单位：万立方米 unit: $10^4 m^3$

年份 Year	土方 Earth	石方 Rock	混凝土 Concrete
1962	25287	1711	77
1963	27438	1679	104
1964	37869	2270	145
1965	64193	2881	186
1971	51085	1478	143
1972	125853	11652	370
1973	111397	13464	469
1974	115695	10671	417
1975	125712	13821	502
1976	163160	26423	712
1977	139104	15147	638
1978	139800	19600	808
1979	206100	16300	746
1980	55000	5400	506
1981	20800	2500	231
1982	19500	2100	245
1983	24300	2000	283
1984	26500	2300	268
1985	25200	2000	244
1986	24100	2000	225
1987	31000	2600	276
1988	29300	2300	298
1989	31650	2886	328
1990	33209	2712	437
1991	40143	3124	512
1992	54862	5054	583
1993	46099	5710	630
1994	41177	5127	707
1995	34955	6126	824
1996	34883	7865	807
1997	42755	5630	988
1998	101393	15023	1322
1999	104684	14022	1613
2000	129432	14456	2084
2001	92777	14716	1855
2002	139036	18178	2581
2003	94079	14677	2710
2004	132007	24057	2514
2005	138665	20718	2168
2006	201603	39847	1971
2007	140567	25099	2050
2008	170705	26686	2651
2009	198846	25333	4641
2010	226128	30505	4660
2011	282247	26001	6228
2012	343715	47404	7447
2013	359956	53854	7030
2014	308992	59370	6932
2015	376411	59603	8181
2016	398386	70072	8671
2017	351660	55394	9454
2018	343669	44508	9340
2019	299050	38926	14811
2020	336534	31232	14141
2021	268034	37566	24033
2022	349988	54939	28097

6-35　2022 年水利建设当年完成工程量（按地区分）

Completed Working Load in 2022 (by Region)

单位：万立方米　　　　　　　　　　　　　　　　　　　　　　　　　　　　　　unit: $10^4 m^3$

地区	Region	当年计划 Planned of the Present Year			当年完成 Completed of the Present Year		
		土方 Earth	石方 Rock	混凝土 Concrete	土方 Earth	石方 Rock	混凝土 Concrete
合　计	Total	**386388**	**56304**	**28530**	**349988**	**54939**	**28097**
北　京	Beijing	607	13	46	1327	36	53
天　津	Tianjin	1088	25	42	1110	25	42
河　北	Hebei	18991	656	643	18871	655	504
山　西	Shanxi	13116	965	1006	13019	954	1004
内蒙古	Inner Mongolia	9378	1232	323	8877	1156	283
辽　宁	Liaoning	6941	773	186	6967	748	193
吉　林	Jilin	5816	769	307	6150	714	295
黑龙江	Heilongjiang	5268	6575	893	5019	6419	877
上　海	Shanghai	35979	57	33	2801	58	32
江　苏	Jiangsu	24172	272	542	23902	273	536
浙　江	Zhejiang	10917	2504	1477	10327	2405	1433
安　徽	Anhui	20603	1102	886	21616	1094	1123
福　建	Fujian	4158	851	960	4127	820	945
江　西	Jiangxi	9595	2090	1345	9480	2051	1344
山　东	Shandong	26593	1164	814	26398	1159	842
河　南	Henan	22350	487	717	21576	481	709
湖　北	Hubei	8115	1305	1002	7847	1311	997
湖　南	Hunan	19224	3090	1700	19673	3077	1719
广　东	Guangdong	5452	858	676	5256	887	668
广　西	Guangxi	2278	643	3094	1932	605	2989
海　南	Hainan	5070	74	143	5025	46	108
重　庆	Chongqing	2475	1166	1062	2272	1133	983
四　川	Sichuan	8311	4339	2779	8182	4332	2791
贵　州	Guizhou	2258	1691	681	2178	1751	658
云　南	Yunnan	10819	5801	1738	10473	5829	1725
西　藏	Xizang	1837	707	171	1146	337	146
陕　西	Shaanxi	19972	2517	2484	20404	2531	2504
甘　肃	Gansu	22792	3458	1124	22508	3373	1098
青　海	Qinghai	29287	6560	245	28928	6558	221
宁　夏	Ningxia	10981	643	294	10586	637	266
新　疆	Xinjiang	21946	3918	1118	22012	3486	1010

6-36 历年水利建设累计完成工程量

Accumulated Completed Working Load of Water Projects by Year

单位：万立方米   unit: $10^4 m^3$

年份 Year	全部计划 Total Planned			累计完成 Total Completed		
	土方 Earth	石方 Rock	混凝土 Concrete	土方 Earth	石方 Rock	混凝土 Concrete
2004	6422138	1320016	108489	3837466	603405	68102
2005	3211069	660008	54245	1918733	301703	34051
2006	1077148	198978	17349	672085	110836	11386
2007	1083946	222242	17523	601617	91505	10944
2008	1049975	238789	19372	645032	99363	11721
2009	1060725	117890	21656	633610	77809	13828
2010	1188888	118309	24666	647565	80824	14956
2011	980995	120239	27143	690220	77171	16845
2012	1066149	164057	29103	766303	94707	19097
2013	1018601	191797	27116	724815	108723	18140
2014	942890	159184	25891	681691	115661	16265
2015	1088102	195655	30249	847858	153399	18791
2016	955464	157574	33579	802483	144606	20314
2017	1132587	167244	33685	766988	107786	20101
2018	885034	152753	34506	692064	103404	21885
2019	830358	141975	48431	678436	101083	34726
2020	1036944	207820	80078	349480	41521	19474
2021	773821	148424	87103	551617	101100	53707
2022	921578	163876	66061	610030	107584	45840

6-37 2022 年水利建设累计完成工程量（按地区分）

Accumulated Completed Working Load of Water Projects in 2022
(by Region)

单位：万立方米
unit: $10^4 m^3$

地区	Region	全部计划 Total Planned			累计完成 Total Completed		
		土方 Earth	石方 Rock	混凝土 Concrete	土方 Earth	石方 Rock	混凝土 Concrete
合　计	**Total**	**921578**	**163876**	**66061**	**610030**	**107584**	**45840**
北　京	Beijing	5194	188	128	4608	157	104
天　津	Tianjin	2302	43	119	1571	37	84
河　北	Hebei	43998	1526	1080	35740	1236	662
山　西	Shanxi	26786	3535	1800	21977	2804	1648
内蒙古	Inner Mongolia	62055	6520	1022	21363	3407	773
辽　宁	Liaoning	15645	2766	1311	10258	2332	448
吉　林	Jilin	25683	1636	665	19781	994	540
黑龙江	Heilongjiang	6856	6883	999	5841	6618	883
上　海	Shanghai	45584	499	236	10535	408	215
江　苏	Jiangsu	81796	869	1737	38517	679	996
浙　江	Zhejiang	37284	9468	5983	22008	4812	3526
安　徽	Anhui	89107	7073	2629	52798	5178	1858
福　建	Fujian	11197	3392	2403	7157	2552	1660
江　西	Jiangxi	13637	2834	2082	10442	2265	1526
山　东	Shandong	48360	1654	1197	37268	1309	1023
河　南	Henan	45550	1180	1377	32581	615	1062
湖　北	Hubei	19792	5950	2415	15272	2548	1526
湖　南	Hunan	24564	4880	2556	22084	3638	1839
广　东	Guangdong	19374	3976	2615	12745	2335	1734
广　西	Guangxi	8441	2612	4206	6634	2822	3862
海　南	Hainan	6537	878	354	5367	657	159
重　庆	Chongqing	7487	5418	3515	4791	3226	2659
四　川	Sichuan	15735	13040	4889	11765	6974	3453
贵　州	Guizhou	8764	9431	3195	6807	7910	2511
云　南	Yunnan	35119	20515	5516	23536	13967	3005
西　藏	Xizang	2897	1328	338	1303	503	158
陕　西	Shaanxi	44968	5629	4907	34199	4608	3516
甘　肃	Gansu	49925	6343	2013	39985	4498	1562
青　海	Qinghai	41843	17144	807	32727	7621	602
宁　夏	Ningxia	15555	695	402	13385	665	313
新　疆	Xinjiang	59540	15974	3564	46988	10208	1933

年份 Year	水库总库容 /亿立方米 Total Storage Capacity of Reservoirs /10^8m^3	耕地灌溉面积 /千公顷 Irrigated Area of Cultivated Land /10^3hm^2	除涝面积 /千公顷 Drained Area /10^3hm^2	发电装机容量 /千千瓦 Installed Capacity for Power Generation /10^3kW	排灌装机容量 /千千瓦 Installed Capacity of Irrigation and Drainage Works /10^3kW	供水能力 /万吨每日 Capacity of Water Supply /(10^4t/d)
1993	152.69	1105.52	772.57	3038.20	151.20	
1994	312.91	1171.57	963.29	5294.70	231.60	
1995	342.12	1334.10	853.54	6661.80	286.00	
1996	321.66	1182.93	805.55	6523.40	250.00	860.36
1997	348.99	1056.73	1066.81	7117.20	235.30	1811.81
1998	348.65	1364.77	1095.81	5200.60	471.10	2283.35
1999	310.27	1014.89	133.59	4620.50	215.10	965.60
2000	359.15	798.07	89.79	4090.10	271.60	3961.42
2001	113.48	572.73	173.03	2080.80	114.90	5891.73
2002	250.95	485.93	183.69	1672.30	240.10	2044.47
2003	386.26	820.14	105.09	2708.90	575.50	2478.45
2004	263.05	603.68	165.83	2388.20	64.60	2345.35
2005	317.93	543.64	157.93	2292.60	63.90	1246.36
2006	411.13	556.21	143.41	2133.15	54.87	1851.47
2007	209.42	1261.63	322.64	1532.84	79.45	1734.38
2008	162.59	1189.33	577.59	1846.30	119.66	1283.14
2009	269.80	1929.17	546.46	4267.36	305.15	2311.20
2010	196.28	1115.39	472.66	3791.69	283.66	1585.08
2011	178.80	1010.88	316.17	2068.93	2002.47	6432.39
2012	154.72	890.25	121.66	2574.70	307.71	2657.55
2013	91.23	872.13	221.86	4817.88	423.92	2071.43
2014	118.83	1044.64	315.43	3348.41	306.77	2473.63
2015	108.14	1160.50	276.06	4377.84	207.64	2283.06
2016	165.43	1282.11	392.93	4443.26	606.11	4461.47
2017	104.41	953.17	370.80	5383.35	715.90	2986.09
2018	178.48	1557.89	618.73	5989.23	814.76	3960.76
2019	165.25	1365.80	1030.42	2699.78	411.64	3769.37
2020	135.85	829.88	413.38	1700.61	1154.22	3291.95
2021	165.96	999.33	356.13	4560.07	315.97	3535.52
2022	118.85	1117.20	1066.55	3906.44	956.62	5588.13

建设施工规模
Water Projects by Year

改善灌溉面积 /千公顷 Improved Irrigated Area /10³hm²	改善除涝面积 /千公顷 Drained Area /10³hm²	新建及加固堤防 /千米 Newly-Built & Strengthened Embankment /km	水保治理面积 /千公顷 Recovered Area from Soil Erosion /10³hm²	解决饮水困难人口 /万人 Population Access to Drinking Water /10⁴persons	饮水安全达标人口 /万人 Population with Safe Drinking Water /10⁴persons	节水灌溉面积 /千公顷 Water-Saving Irrigated Area /10³hm²
425.63	594.44					
517.28	313.48					
699.65	699.18					
1575.13	757.59					
1142.98	762.37					
1720.41	578.18					
2077.57	781.91	8478.08	1925.58	648.90		108.18
2565.22	1381.42	8437.96	1675.12	2139.88		195.79
1437.79	583.71	4695.94	1301.93	2406.42		351.48
1715.7	745.15	5667.73	2579.56	1226.59		262.53
1249.72	463.22	3653.70	1762.34	933.37		250.84
2244.32	678.08	5111.99	854.20		1562.82	488.97
1927.16	599.29	4895.22	783.51		2758.50	368.72
1849.77	1334.84	4273.42	1613.73		4088.10	254.76
2749.38	726.03	5002.74	2553.15		6715.80	343.85
3791.69	678.75	6362.94	1333.20		6574.41	411.17
4220.96	1597.80	10466.16	2641.66		5579.42	541.07
4871.41	817.81	11605.51	2041.65		7198.11	694.89
4466.52	656.19	11330.60	1616.08		6491.21	1268.60
4412.30	1212.26	12369.60	1844.20		6059.06	910.07
4339.14	742.17	10061.26	2188.80		7278.42	1156.48
5664.52	1285.66	17710.06	2758.03			1644.75
6058.58	1812.49	19108.54	2229.91			1878.35
9802.37	3340.07	15245.49	3916.04			2453.55
7303.70	2402.47	13237.70	4069.43			1350.20
5092.27	1098.69	11910.99	3228.00			620.96
5791.41	1398.16	13918.20	2025.87			637.32
7058.59	1992.13	13545.68	2285.30			845.91

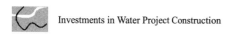

6-39 2022 年水利建设
Completed Works of Water Projects

地区 Region		水库总库容 /亿立方米 Total Storage Capacity of Reservoirs /$10^8 m^3$	耕地灌溉面积 /千公顷 Irrigated Area of Cultivated Land /$10^3 hm^2$	除涝面积 /千公顷 Drained Area /$10^3 hm^2$	发电装机容量 /千千瓦 Installed Capacity for Power Generation /$10^3 kW$	排灌装机容量 /千千瓦 Installed Capacity of Irrigation and Drainage Works /$10^3 kW$	供水能力 /万吨每日 Capacity of Water Supply /$(10^4 t/d)$
合　计	**Total**	**118.85**	**1117.20**	**1066.55**	**3906.44**	**956.62**	**5588.13**
北　京	Beijing						
天　津	Tianjin						81.20
河　北	Hebei	0.34	5.95	19.93		0.40	657.90
山　西	Shanxi	0.28	40.00			5.90	127.68
内蒙古	Inner Mongolia	0.93			3.30		147.86
辽　宁	Liaoning	1.70		0.87			27.00
吉　林	Jilin	0.38	25.49	37.19	0.72		12.09
黑龙江	Heilongjiang	3.68	17.12	1.09			17.57
上　海	Shanghai			0.69			
江　苏	Jiangsu	0.04	68.07	189.33	0.86	18.54	184.98
浙　江	Zhejiang	5.37	22.57	20.62	5.69	11.65	509.90
安　徽	Anhui	0.79	45.36	49.45		142.50	305.80
福　建	Fujian	2.46	76.61	3.19	3.10		379.79
江　西	Jiangxi	1.29	69.03	25.51	16.11	251.61	317.08
山　东	Shandong	0.46		21.11		9.59	153.83
河　南	Henan	1.22	54.78	190.22	0.83	0.02	218.77
湖　北	Hubei	3.54	119.61	136.97	9.00	332.66	161.40
湖　南	Hunan	3.98	12.89	175.78	101.06	89.29	253.15
广　东	Guangdong	3.06	10.20	5.15	41.46	70.78	379.25
广　西	Guangxi	14.83	59.86	4.50	604.64		68.04
海　南	Hainan	1.40	6.40	0.29	10.00		36.06
重　庆	Chongqing	1.46	5.71	1.09	36.02	3.75	164.17
四　川	Sichuan	1.98	25.32	5.32	0.51	0.06	263.64
贵　州	Guizhou	1.94	24.43	2.49	22.81	10.20	138.44
云　南	Yunnan	5.32	158.03	164.25	1.25	1.49	221.64
西　藏	Xizang	12.44	12.79				7.98
陕　西	Shaanxi	1.29	8.96	11.29	6.10	0.41	234.42
甘　肃	Gansu	1.25	1.92			2.56	77.40
青　海	Qinghai	0.33	0.48				2.69
宁　夏	Ningxia	1.36	26.99	0.20		5.20	138.76
新　疆	Xinjiang	45.73	218.64		3043.00		299.64

施工规模（按地区分）

in 2022 (by Region)

改善灌溉面积 /千公顷 Improved Irrigated Area /10³hm²	改善除涝面积 /千公顷 Drained Area /10³hm²	新建及加固堤防 /千米 Newly-built & Strengthened Embankment /km	水保治理面积 /千公顷 Recovered Area from Soil Erosion /10³hm²	节水灌溉面积 /千公顷 Water-saving Irrigated Area /10³hm²
7058.59	1992.13	13545.68	2285.30	845.91
		15.40	3.17	
6.84		69.15	0.01	
129.27	8.05	355.09	198.62	5.83
87.19		331.27	135.39	6.70
32.31	16.69	165.67	89.13	0.87
54.42	26.41	305.04	85.13	0.25
57.41	13.45	159.96	48.14	0.40
195.68	0.95	296.28	53.77	6.36
	24.01	594.11	8.45	
272.50	930.88	539.38	64.48	51.90
139.69	22.21	1716.74	42.78	23.57
160.35	136.94	995.72	72.23	1.00
48.50	10.27	323.25	52.59	9.43
331.33	86.03	986.25	45.89	19.13
200.78	107.21	767.47	92.50	
478.29	134.76	544.66	49.34	293.38
356.05	98.67	546.40	56.04	71.20
586.11	213.98	668.63	64.48	42.16
60.69	32.38	327.20	43.77	8.97
81.32	6.74	199.14	98.69	23.94
6.53	0.13	2.71	9.77	
50.48	0.50	170.29	40.47	4.33
222.87	9.61	430.46	195.12	77.36
246.77	2.70	169.69	62.90	15.57
159.71	7.81	614.07	68.11	10.99
6.53		278.59	26.11	0.16
237.75	77.50	349.93	273.63	4.16
320.66	2.11	658.91	152.63	7.68
77.83		172.87	51.79	0.60
172.84	20.02	18.12	39.50	82.33
2277.89	2.13	773.25	60.68	77.65

6-40　历年水利建

Newly-increased Benefits of Water

年份 Year	水库总库容 /亿立方米 Total Storage Capacity of Reservoirs /10³m³	耕地灌溉面积 /千公顷 Irrigated Area of Cultivated Land /10³hm²	除涝面积 /千公顷 Drained Area /10³hm²	发电装机容量 /千千瓦 Installed Capacity for Power Generation /10³kW	排灌装机容量 /千千瓦 Installed Capacity of Irrigation and Drainage Works /10³kW	供水能力 /万吨每日 Capacity of Water Supply /(10⁴t/d)
1993	11.48	78.48	133.89	182.50	42.90	
1994	7.61	94.09	77.23	392.90	23.80	
1995	42.23	174.89	28.30	388.20	66.80	
1996	14.95	158.03	29.43	355.30	90.60	450.44
1997	11.86	94.61	89.65	719.80	28.10	145.12
1998	28.15	187.01	57.67	749.00	102.3	456.57
1999	46.61	198.23	42.83	885.60	19.40	82.84
2000	183.62	126.86	49.69	2139.10	21.90	529.80
2001	31.96	191.41	28.51	1317.40	34.80	2939.65
2002	29.19	156.47	171.29	543.10	89.20	281.64
2003	5.83	146.99	11.67	368.60	544.00	871.31
2004	12.86	252.11	71.99	725.80	20.80	530.81
2005	112.64	98.65	74.62	794.40	47.30	398.36
2006	267.39	139.45	55.46	1146.16	28.46	349.78
2007	55.71	314.09	206.89	754.18	59.78	488.23
2008	44.37	275.44	223.66	701.04	79.39	333.69
2009	50.96	550.52	286.11	912.68	89.77	740.58
2010	32.88	355.59	441.76	905.81	102.38	509.43
2011	48.54	470.26	284.13	566.30	1034.99	876.18
2012	26.81	466.63	96.97	988.60	168.06	985.68
2013	19.08	382.06	189.45	1903.28	128.31	819.56
2014	30.38	300.27	255.01	1846.76	261.45	934.66
2015	26.26	702.44	244.13	1534.06	133.94	778.88
2016	84.79	754.54	306.09	1558.56	228.75	3190.13
2017	29.44	544.17	230.37	2295.73	416.21	1999.21
2018	50.68	814.32	541.51	3207.81	252.15	1991.52
2019	29.26	995.07	391.40	900.96	293.06	2844.34
2020	44.55	474.10	287.13	674.85	246.28	2753.51
2021	111.64	537.46	308.67	1437.24	458.47	3116.77
2022	44.72	475.87	719.03	1995.18	1093.23	4346.49

设新增效益
Projects Construction by Year

改善灌溉面积 /千公顷 Improved Irrigated Area /10³hm²	改善除涝面积 /千公顷 Drained Area /10³hm²	新建及加固堤防 /千米 Newly-built & Strengthened Embankment /km	水保治理面积 /千公顷 Recovered Area from Soil Erosion /10³hm²	解决饮水困难人口 /万人 Population Access to Drinking Water /10⁴persons	饮水安全达标人口 /万人 Population with Safe Drinking Water /10⁴persons	节水灌溉面积 /千公顷 Water-saving Irrigated Area /10³hm²
219.92	419.77					
187.43	86.12					
251.04	309.10					
330.28	161.89					
283.51	140.24					
839.09	1279.70					
956.97	163.28	4545.91	1699.45	470.38		76.49
1484.52	529.17	5772.04	1118.41	1950.07		132.73
927.62	463.75	2693.61	1011.98	1245.44		245.81
1232.00	494.73	2918.24	1681.30	985.68		155.79
467.11	129.29	2246.61	1717.64	700.92		178.87
889.95	284.08	2726.91	635.29		1321.43	287.75
1121.20	383.39	2370.23	517.35		2478.28	310.37
1055.83	1015.16	1968.95	1261.41		2967.62	175.60
1845.54	449.49	2385.49	2090.95		5896.54	298.76
2230.19	477.20	3651.83	1041.65		6314.49	343.42
2061.10	1339.87	6900.63	2353.30		5151.23	424.31
3062.53	531.06	8265.39	1911.46		6761.47	615.19
2731.24	363.50	7441.02	1268.57		5696.34	1151.93
7371.00	2452.01	13678.22	2714.90		5580.84	728.61
3240.24	594.20	5824.10	2011.16		6708.63	1025.23
4505.97	996.96	8907.63	2346.34			1433.10
4914.00	1634.68	13678.22	1809.94			1504.56
7633.31	2767.23	11456.37	3487.43			2250.08
6195.17	1873.50	9317.64	3765.58			1054.57
5724.90	1334.87	10453.10	1937.57			528.45
5375.81	1814.55	9645.24	2122.62			701.45

Projects Construction by Year

6-41　2022 年水利建设

Newly-increased Benefits of Water

地区	Region	水库总库容 /亿立方米 Total Storage Capacity of Reservoirs /10⁸m³	耕地灌溉面积 /千公顷 Irrigated Area of Cultivated Land /10³hm²	除涝面积 /千公顷 Drained Area /10³hm²	发电装机容量 /千千瓦 Installed Capacity for Power Generation /10³kW	排灌装机容量 /千千瓦 Installed Capacity of Irrigation and Drainage Works /10³kW	供水能力 /万吨每日 Capacity of Water Supply /(10⁴t/d)
合　计	**Total**	**44.72**	**475.87**	**719.03**	**1995.18**	**1093.23**	**4346.49**
北　京	Beijing						
天　津	Tianjin						81.20
河　北	Hebei	0.34	5.48	13.27		0.40	629.83
山　西	Shanxi	0.12	17.68			5.90	122.68
内蒙古	Inner Mongolia						9.99
辽　宁	Liaoning	0.91	1.00	14.20	5.00		1.19
吉　林	Jilin	0.105	1.76	1.43	0.72	0.63	8.55
黑龙江	Heilongjiang	0.24	5.52	0.61			14.94
上　海	Shanghai			0.59		0.63	
江　苏	Jiangsu	0.11	59.56	179.62	0.86	73.58	184.98
浙　江	Zhejiang	2.21	22.42	8.96	3.93	7.56	162.82
安　徽	Anhui	0.63	18.48	33.56		131.12	217.50
福　建	Fujian	1.60	9.61	3.19	3.11		269.23
江　西	Jiangxi	0.76	27.53	17.92	8.45	16.44	249.80
山　东	Shandong	0.46		21.10		9.59	143.21
河　南	Henan	1.01	34.62	176.54	0.83	0.02	120.36
湖　北	Hubei	2.35	16.19	110.66	9.00	684.08	109.75
湖　南	Hunan	2.83		103.45	101.50	86.28	248.36
广　东	Guangdong	2.94	8.34	4.43	41.46	58.91	278.65
广　西	Guangxi	14.08	34.48	4.49	604.64		58.45
海　南	Hainan		0.12	0.16			
重　庆	Chongqing	3.05		1.09	15.02	3.75	133.74
四　川	Sichuan	1.62	15.41	6.93	0.51	0.06	204.93
贵　州	Guizhou	2.09	34.26	2.45	28.91	10.80	161.60
云　南	Yunnan	2.24	70.73	3.08	711.25	1.49	148.55
西　藏	Xizang		16.97				0.30
陕　西	Shaanxi	1.10	3.24	11.10	8.50		394.96
甘　肃	Gansu	0.30	1.51			2.00	50.52
青　海	Qinghai	0.33	0.48				4.15
宁　夏	Ningxia	1.36	21.02	0.20			94.19
新　疆	Xinjiang	1.96	49.47		451.50		242.08

新增效益（按地区分）

Projects Construction in 2022 (by Region)

改善灌溉面积 /千公顷 Improved Irrigated Area /10³hm²	改善除涝面积 /千公顷 Drained Area /10³hm²	新建及加固堤防 /千米 Newly-built & Strengthened Embankment /km	水保治理面积 /千公顷 Recovered Area from Soil Erosion /10³hm²	节水灌溉面积 /千公顷 Water-saving Irrigated Area /10³hm²
5375.81	1814.55	9645.24	2122.62	701.45
		15.40	3.17	
12.16		69.15	0.01	
147.08	6.73	390.51	198.62	8.85
46.55		214.80	127.24	6.37
32.48	16.67	103.07	68.12	0.59
20.18	11.48	172.09	83.54	
17.68	1.50	122.64	46.38	0.40
136.16	0.95	154.66	50.25	
	1.36	54.20	8.45	
321.83	847.56	526.64	63.31	48.50
118.21	25.34	552.82	42.64	2.75
145.60	131.16	569.90	62.20	0.98
45.40	10.54	241.72	51.81	8.39
242.35	80.18	734.14	44.26	8.24
194.69	105.31	753.98	92.10	
176.49	124.13	387.34	44.91	243.12
294.99	152.89	261.22	54.76	14.31
601.38	188.80	656.78	64.48	42.52
143.16	30.72	204.15	36.84	24.40
77.55	4.61	187.24	94.42	11.82
0.13			9.77	0.34
49.04	0.50	160.93	40.47	4.47
235.35	10.08	450.52	145.16	74.39
153.11	2.43	160.69	57.64	15.17
120.04	16.44	418.42	63.64	14.49
7.66		236.06	14.27	0.16
184.53	20.93	326.20	267.33	3.83
293.01	2.11	625.05	150.14	7.68
37.46		163.03	36.70	
166.22	20.02	17.71	39.31	82.04
1355.32	2.13	714.23	60.68	77.65

6-42　历年国家重大水利工程（三峡后续工作）建设基金计划投资

Planned Investment of the Construction Fund for National Major Water Resources Projects (the Follow-up Work of the Three Gorges Project) by Year

单位：万元　　　　　　　　　　　　　　　　　　　　　　　　　　　　unit: 10⁴ yuan

年份 Year	计划投资 Planned Investment	年份 Year	计划投资 Planned Investment
2011	382643	2017	1076357
2012	670387	2018	497516
2013	945500	2019	618500
2014	664859	2020	836477
2015	1108150	2021	1130608
2016	888583	2022	1025335
		合 计 Total	9844915

6-43　2022 年国家重大水利工程（三峡后续工作）建设基金

计划投资和投资完成（按项目类型分）

Planned and Completed Investments of the Construction Fund for National Major Water Resources Projects (the Follow-up Work of the Three Gorges Project) in 2022 (by Type)

单位：万元　　　　　　　　　　　　　　　　　　　　　　　　　　　　unit: 10⁴ yuan

项目类型	Type of Project	计划投资 Planned Investment	完成投资 Completed Investment
合　　计	Total	1025335	968893
1. 移民安稳致富和促进库区经济社会发展	Projects to ensure wealth of resettlement population and promote economic and social development in the reservoir area	522163	491959
2. 库区生态环境建设与保护	Projects for ecological environment restoration and protection	273965	265357
3. 库区地质灾害防治	Projects for geological hazard prevention and control	92567	78258
4. 三峡工程运行对长江中下游重点影响区的影响处理	Projects to reduce impact of operation of the Three Gorges Reservoir on the key affected areas in the middle and lower reaches of the Yangtze River	96780	93587
5. 三峡工程综合管理能力建设和综合效益拓展研究	Projects of capacity building for comprehensive management and benefit boosting	33292	33164
6. 其他	Others	6568	6568

6-44 2022 年国家重大水利工程（三峡后续工作）建设基金计划投资和投资完成（按地区和部门分）

Planned and Completed Investments of the Construction Fund for National Major Water Resources Projects (the Follow-up Work of the Three Gorges Project) in 2022 (by Region and Department)

单位：万元   unit: 10⁴ yuan

项目类型 Type of Project		计划投资 Planned Investment	完成投资 Completed Investment
合　计	Total	1025335	968893
重　庆	Chongqing	730160	685246
湖　北	Hubei	200493	189078
上　海	Shanghai	2564	2564
江　苏	Jiangsu	3540	3540
浙　江	Zhejiang	3112	3081
安　徽	Anhui	2760	2747
福　建	Fujian	2407	2365
江　西	Jiangxi	15922	15910
山　东	Shandong	3442	3442
湖　南	Hunan	21468	21468
广　东	Guangdong	3071	3071
四　川	Sichuan	3615	3615
水利部	Ministry of Water Resources of the People's Republic of China	14545	14545
交通运输部	Ministry of Transport of the People's Republic of China	12275	12275
自然资源部	Ministry of Natural Resources of the People's Republic of China	1090	1090
中船集团	China State Shipbuilding Corporation	2743	2728
中国兵器	China North Industries Group Corporation Limited	2128	2128

主要统计指标解释

水利建设投资 指水利系统固定资产投资。主要包括水利系统基本建设投资、部分更新改造投资等，防洪岁修、小农水等财政投资未包括在内。

建设项目 指按照总体设计进行施工，由一个或若干个具有内在联系的工程组成的总体。基本建设项目指经批准在一个总体设计或初步设计范围内进行建设，经济上实行统一核算，行政上有独立的组织形式，实行统一管理的基本建设单位。

基本建设项目按规模分为大中型项目和小型项目，水利上基本建设项目大中型项目划分标准是：①水库，库容1亿立方米以上（包括1亿立方米，下同）；②灌溉面积，灌溉面积50万亩以上；③水电工程，发电装机5万千瓦以上；④其他水利工程，除国家指定外均不作为大中型项目。

建设阶段 指建设项目报告期所处的建设阶段，可分为以下几个阶段。

（1）筹建项目：指正在进行前期工作尚未正式施工的项目。

（2）施工项目：指报告期内开展过建筑或安装施工活动的项目。

（3）本年正式施工项目：指本年正式开展过建筑或安装活动的建设项目。

（4）本年新开工项目：指报告期内新开工的建设项目。

（5）本年续建项目：指本年以前已经正式开工，跨入本年继续进行建筑安装和购置活动的建设项目。

（6）建成投产项目：指报告期内按设计文件规定建成主体工程和相应配套的辅助设施，形成生产能力或工程效益，经过验收合格，并且已正式投入生产或交付使用的建设项目。

（7）本年收尾项目：指以前年度已经全部建成投入生产或交付使用，但尚有少量不影响正常生产和使用的辅助工程或生产性工程在报告期继续施工的项目。

（8）停缓建项目：指根据国民经济宏观调控及其他原因，经有关部门批准停止建设或近期内不再建设的项目。停缓建项目分为全部停缓建项目和部分停缓建项目。

1）全部停缓建项目是指经有关部门批准不再建设或短期内整个项目停止建设的项目。

2）部分停缓建项目是指建设项目仍在施工，但其中的部分单项工程经有关部门批准停止或近期内不再建设

并已停止施工的项目。报告期部分停缓建项目仍应作为施工项目统计。

（9）全部竣工项目：指整个建设项目按设计文件规定的主体工程和辅助、附属工程全部建成，并已正式验收移交生产或使用部门的项目。

建设性质 基本建设项目的建设性质根据整个建设项目的情况确定，分为以下几种。

（1）新建：一般是指从无到有、"平地起家"开始建设的项目。

（2）扩建：指为扩大原有产品的生产能力（或效益）或增加新的产品生产能力而增建的项目。

（3）改建：指对原有设施进行技术改造或更新的项目。

（4）单纯建造生活设施：指在不扩建、改建生产性工程和业务用房的情况下，单纯建造生活设施的项目。

（5）迁建：指为改变生产力布局或由于城市环境保护和安全生产的需要等原因而搬迁到另地建设的工程。

（6）恢复：指因自然灾害、战争等原因，使原有的固定资产全部或部分报废，以后又投资恢复建设的项目。

（7）单纯购置：指现有企业、事业、行政单位单纯购置不需要安装的设备、工具、器具，而不进行工程建设的项目。

隶属关系 基本建设项目按建设单位直属或主管上级机关确定。

隶属关系分为中央、省（自治区、直辖市）、地区（州、盟、省辖市）、县（旗、县级市、市辖区）和其他五大类。

（1）中央：指中共中央、人大常委会和国务院各部、委、局、总公司以及直属机构直接领导和管理的基本建设项目和企业、事业、行政单位。这些单位的固定资产投资计划由国务院各部门直接编制和下达，建设中所需要的统配物资和主要设备以及建设中的问题都由中央有关部门安排和解决。

（2）省（自治区、直辖市）：由省（自治区、直辖市）政府及业务主管部门直接领导和管理的基本建设项目和企业、事业、行政单位。

（3）地区（州、盟、省辖市）：由地区、自治州、盟、省辖市直接领导和管理的基本建设项目和企业、事

业、行政单位。

（4）县（旗、县级市、市辖区）：由县、自治旗、县级市、市辖区直接领导和管理的基本建设项目和企业、事业、行政单位。

（5）其他：不隶属以上各级政府及主管部门的建设项目和企业、事业单位，如外商投资企业和无主管部门的企业等。

Explanatory Notes of Main Statistical Indicators

Investment for water project construction Investment of fixed assets in the water sector, which mainly refers to the investment of basic water infrastructures and some rehabilitation projects, but excludes annual maintenance of flood control works and financial allocation to small irrigation, drainage and rural water supply schemes.

Construction project A project, enclosing one or more interdependent components, is implemented in accordance with overall design. Capital construction project refers to the approved scheme constructed according to overall design or within the scope of preliminary design, which is under one accounting system and unified management, and has an independent organization.

Capital construction project can be divided into large or medium project and small project according to its scale. The criteria of identifying large and medium water projects are: ① reservoir, installed capacity is over 100 million m^3 (including 100 million m^3, hereinafter the same); ② irrigated area, irrigated area is over 500 thousand mu; ③ hydropower project, installed capacity is over 50,000 kW; ④ other water projects, specially designated by the state.

Construction phrase It refers to stages of project construction during the period of report. The projects are divided as following in accordance with construction phases:

(1) Preparation: the project that is conducting preparatory work and has not formally been constructed.

(2) Construction project: the project that is under construction or installation during the report period.

(3) Construction project of the year: the project that has formally started construction or installation in the statistical year.

(4) Newly started project of the year: the construction project that is newly initiated in the statistical year.

(5) Continued project of the year: the project that has formally started and continued construction, installation and purchase activities in the statistical year.

(6) Completed investment project: key parts of the project and supporting facilities have passed check and acceptance and been formally put into operation or use in the statistical period.

(7) Nearly-completed project of the year: the project has completed construction and placed into operation, but several supporting facilities that do not affect the normal production and utilization continue to be constructed in the statistical period.

(8) Stopped or postponed project: the project is being asked to stop or postpone due to national macroeconomic regulation and control or other reasons with the approval of relevant department. The stopped or postponed projects can be divided into completely stopped or postponed project and partially stopped or postponed project.

1) Complete stopped or postponed project refers to the project that no longer constructed or will not be constructed in a short period of time, according to the approved of the relevant department.

2) Partial stopped or postponed project refers to the project that still under construction, but part of the project is no longer constructed or will not be constructed in a short period of time, according to the approval of the relevant department. Stopped or postponed project should be included in the statistical data as construction project.

(9) Fully-completed project: the project that has completed the key parts and supporting facilities of the project according to the design, and has passed check and acceptance and transferred to production or user for operation.

Construction type The types of infrastructures are identified and divided based on features of the constructed project:

(1) Newly-constructed project: It refers to the project being constructed by a newly-established enterprise, non-governmental agency, governmental agency or independent organ.

(2) Expanded construction: It refers to the project in order to expand the existing production capacity (or benefit) or production capacity of new product.

(3) Rehabilitation project: It refers to the project of an enterprise or non-governmental agency conducting technical rehabilitation or re-modernization.

(4) Construction of living facilities: It refers to the project of projects without expansion or rehabilitation of existed production or office buildings.

(5) Relocated construction: It refers to the relocation of projects to other places due to the change of production pattern, requirement of urban environment protection or safe production.

(6) Recovery construction: It refers to the project of an project to make investment on recovery construction because of natural disaster or war that completely or partially destroys its fixed assets.

(7) Procurement only: It refers to the project of an enterprise, non-governmental agency or governmental agency to purchases equipment, tool or instrument only, without installation or construction.

Administrative subordination of project Capital construction project is divided into groups according to the administrative region of the organization in charge of the project.

Five categories are formed on the basis of administrative regions of the project: Central Government, province (autonomous region, municipality directly under the central government), prefecture (autonomous district, municipality directly under the provincial government), county (autonomous county, county-level municipality) and others.

(1) Central Government project: It refers to capital

construction project, enterprise, non-governmental agency or governmental agency directly under administration or management of the Central Committee of Chinese Communist Party, Standing Committee of Chinese People's Congress, or ministries, commissions, bureaus under the State Council and parent companies. The investment plan of fixed assets of these entities are directly worked out and transmitted by the relevant departments under the State Council; allocated materials or equipment for construction are arranged by the relevant Central Government departments.

(2) Province (autonomous region, municipality directly under the central government) project: It refers to capital construction project, enterprise, non-governmental agency or governmental agency directly under administration and management of provincial governments (autonomous region, municipality directly under the central government) or competent department directly in charge.

(3) Prefecture (autonomous district, municipality directly under the provincial government) project: It refers to capital construction project, enterprise, non-governmental agency or governmental agency directly under administration and management of government of prefecture, autonomous district or municipality directly under the provincial government.

(4) County (autonomous county, county-level municipality) project: It refers to capital construction project, enterprise, non-governmental agency or governmental angecy directly under administration and management of government of county, autonomous county or county-level city.

(5) Others: It refers to capital construction project, enterprise, non-governmental agency or governmental agency outside the scope of administration and management of government agencies mentioned above, such as foreign investment enterprise or enterprise without supervised agency.

7 农村水电

Rural Hydropower

简 要 说 明

农村水电统计资料主要包括小水电站和设备建设情况、水力发电设备容量和发电容量、输变配电设备情况等。主要按地区分组汇总。

自 2008 年起农村水电电站由以往水利系统水电变更为装机 5 万千瓦及 5 万千瓦以下水电。

2008 年以前水利系统水电统计包括水利系统综合利用枢纽电站数据等。

2016 年始，由于报表制度调整，农村水电电网供电和农村水电的县通电情况等不纳入统计；2018 年始，不再统计年末输变配电设备。

Brief Introduction

Statistical data of rural hydropower development mainly includes construction of small hydropower stations and utilities, installed capacity and output of hydropower generating units, electricity transmission and distribution facilities, etc. The data is divided into groups according to the region.

The data of rural hydropower development is collected on the basis of installed capacity of hydropower at 50,000 kW and below 50,000 kW since 2008.

The data collected before 2008 includes multi-purpose dam projects.

Electricity supply of rural power network and counties with electricity generated by hydropower has not been included in the statistics since 2016. Installed power transmission and distribution equipment at the end of the year has not been included in the statistics since 2018.

7-1 历年农村水电装机容量及年发电量

Installed Capacity and Power Generation of Rural Hydropower by Year

年份 Year	农村水电装机容量 /千瓦 Installed Capacity of Rural Hydropower /kW	农村水电年发电量 /万千瓦时 Annual Electricity Generation of Rural Hydropower /10⁴ kWh	农村水电新增装机容量 /千瓦 Newly-increased Installed Capacity /kW
2004	34661348	9779541	3591322
2005	38534445	12090340	4127272
2006	43183551	13612942	5459520
2007	47388997	14370080	4593193
2008	51274371	16275901	4194106
2009	55121211	15672470	3807072
2010	59240191	20444258	3793551
2011	62123430	17566867	3277465
2012	65686071	21729246	3399616
2013	71186268	22327711	2460601
2014	73221047	22814929	2553873
2015	75829591	23512813	2412664
2016	77910629	26821937	2032270
2017	79269995	24772495	1353020
2018	80435263	23456083	1643058
2019	81441588	25331502	1071975
2020	81338072	24236893	806662
2021	82903194	22411119	311545
2022	80632767	23600340	158200

注　2013 年农村水电统计数据与全国第一次水利普查数据进行了校核。

Note　Statistical data of rural hydropower in 2013 is checked in accordance with the First National Census on Water.

7-2 2022年农村水电装机容量及年发电量（按地区分）

Installed Capacity and Power Generation of Rural Hydropower in 2022 (by Region)

地区	Region	农村水电装机容量 /千瓦 Installed Capacity of Rural Hydropower /kW	农村水电年发电量 /万千瓦时 Annual Electricity Generation of Rural Hydropower /10⁴ kWh	农村水电新增装机容量 /千瓦 Newly-increased Installed Capacity /kW	农村水电站 /处 Number of Rural Hydropower Station /unit
合　计	Total	80632767	23600340	158200	41544
北　京	Beijing	2990	509		3
天　津	Tianjin	5800	1384		1
河　北	Hebei	384616	87092	1300	221
山　西	Shanxi	204475	58421	1200	135
内 蒙 古	Inner Mongolia	107595	24109		36
辽　宁	Liaoning	479726	127121		192
吉　林	Jilin	650985	216707		260
黑 龙 江	Heilongjiang	389115	142986		79
江　苏	Jiangsu	51400	5743		34
浙　江	Zhejiang	4219211	942742		2838
安　徽	Anhui	1146828	200340		748
福　建	Fujian	7171596	2031166		5174
江　西	Jiangxi	3500895	881372		3673
山　东	Shandong	89226	6470		107
河　南	Henan	357324	65287		298
湖　北	Hubei	3916820	854259		1580
湖　南	Hunan	6244541	1764629		4230
广　东	Guangdong	7842794	1677650	20000	9593
广　西	Guangxi	4605880	1361704	8600	2255
海　南	Hainan	421085	125919		274
重　庆	Chongqing	3015443	608827		1435
四　川	Sichuan	11238825	4060929		3355
贵　州	Guizhou	3637503	1010070	92000	1208
云　南	Yunnan	12480768	4223543	12700	1827
西　藏	Xizang	386801	122748		381
陕　西	Shaanxi	1428425	400408		387
甘　肃	Gansu	2991466	1149731	14400	604
青　海	Qinghai	1029280	541810		227
宁　夏	Ningxia	4000	460		1
新　疆	Xinjiang	2071515	725425		291
新疆生产 建设兵团	Xinjiang Production and Construction Corps	433739	143079	8000	91
部 直 属	Organization Directly under the Ministry	122100	37700		4

7-3 2022年各地区农村水电完成投资情况（按地区分）

Completed Investment for Electricity Supply by Rural Power Network in 2022
(by Region)

单位：万元   unit: 10⁴yuan

地区	Region	本年完成投资 Completed Investment	按资金来源分 Financial Resources			
			中央政府资金 Central Government Fundings	地方政府资金 Local Government Fundings	银行贷款 Bank Loan	其他 Others
合　计	Total	186303	5183	70755	11499	98865
北　京	Beijing					
天　津	Tianjin					
河　北	Hebei	6850		6400		450
山　西	Shanxi	237		237		
内 蒙 古	Inner Mongolia					
辽　宁	Liaoning	9008		8	9000	
吉　林	Jilin					
黑 龙 江	Heilongjiang					
上　海	Shanghai					
江　苏	Jiangsu					
浙　江	Zhejiang	14058	1053	2605		10400
安　徽	Anhui					
福　建	Fujian	11837	250	11054		534
江　西	Jiangxi	622		622		
山　东	Shandong					
河　南	Henan					
湖　北	Hubei	16758		3202		13556
湖　南	Hunan	1280		1280		
广　东	Guangdong	14369	3800	10570		
广　西	Guangxi	4400			800	3600
海　南	Hainan					
重　庆	Chongqing	8648				8648
四　川	Sichuan	14125		14125		
贵　州	Guizhou	71539		10591		60948
云　南	Yunnan	11	11			
西　藏	Xizang	6718	69	6649		
陕　西	Shaanxi	5254		3412	1112	730
甘　肃	Gansu					
青　海	Qinghai					
宁　夏	Ningxia					
新　疆	Xinjiang	587			587	
部 直 属	Organization Directly under the Ministry					

主要统计指标解释

农村水电　以小水电站为主体，直接为农村经济社会发展服务的水电站及供电网络。

发电量　电厂（发电机组）在报告期内生产的电能量。

Explanatory Notes of Main Statistical Indicators

Rural hydropower　It refers to hydropower stations and power supply networks that directly serve for social and economic development in rural areas, and most of which are small hydropower stations.

Power generation　Electricity produced by power plants (electricity generating units) in the report period.

8 水文站网

Hydrological Network

简 要 说 明

水文站网主要按水文测站类别、监测方式、观测项目类别分类分别统计水文站、水位站、雨量站、地下水站、水质站、墒情站等水文测站的情况，以及从业人员和经费等。

本部分资料按流域所属机构和地区分组。历史资料汇总 1949 年至今数据。

1. 水文测站类别包括水文站、水位站、雨量站、蒸发站、地下水站、水质站、墒情站、实验站。

2. 监测方式包括驻测、巡测、巡驻结合、间测、人工观测/监测、自动监测、委托观测等。

3. 观测项目类别包括流量、水位、泥沙、降水量、蒸发、比降、冰情、水温、地下水、地表水水质、水生态、墒情、水文调查、辅助气象等。

Brief Introduction

Hydrological network is classified according to the types of hydrological measurement stations, monitoring methods and measuring items, and is used to collect data of hydrological stations, gauging stations, precipitation stations, groundwater monitoring stations, water quality stations and moisture stations, as well as working staff and expenses.

The data is divided into several groups based on organization and region where river basin is located. Historical data is collected from 1949 to present.

1. The types of hydrological measurement stations include hydrological station, gauging station, precipitation station, evaporation station, groundwater monitoring station, water quality station, moisture station, experiment station.

2. Monitoring methods include perennial stationary gauging, tour gauging, stationary and mobile gauging, interval gauging, manual observation/monitoring, automatic gauging and contract gauging.

3. Measuring items include flow, water level, sediment, precipitation, evaporation, gradient, ice condition, water temperature, groundwater/surface water quality, water ecology, moisture, hydrologic investigation, auxiliary meteorology and so on.

8-1　历年水文站网、职工人数和经费

Hydrological Network, Employees and Expenses by Year

年份 Year	水文站网/处 Hydrological Network/unit								报汛站/处 Hydrometric Station/unit	职工人数/人 Number of Employee/person	经费/万元 Expenses/10⁴ yuan	
	水文站 Hydrological Station	水位站 Gauging Station	雨量站 Precipitation Station	蒸发站 Evaporation Station	墒情站 Soil Moisture Station	地下水站 Groundwater Station	水质站 Water Quality Station	实验站 Experiment Station			事业费 Operating Expenses	基建费 Cost of Construction
1949	148	203	2								756	1.9	
1950	419	425	234						1	386	1892	68.9	
1951	796	701	1145						8	685	4208	388.7	
1952	933	831	1554						3	875	5811	550.7	
1953	1059	1006	1754						8	1173	7292	813.8	
1954	1229	1132	1973						9	1652	8589	1134.5	
1955	1396	1205	2337						11	1962	10312	1581.1	
1956	1769	1449	3371						24	2251	13952	2156.8	
1957	2023	1500	3695						41	2778	14167	2304.8	
1958	2766	1308	5494						132	3548	13806	2174.6	
1959	2995	1338	5487						282	4922	16861	2322.5	
1960	3611	1404	5684						318	6013	16867	2470.3	
1961	3402	1252	5587						149	5102	17266	1740.1	
1962	2842	1199	5980						104	5049	15524	1909.4	
1963	2664	1096	6178						96	5051	16862	1881.0	
1964	2692	1116	7252						90	5058	19424	2064.7	
1965	2751	1129	7909						88		19520	2022.0	
1966	2883	1155	10280						49	4838	18369	3174.8	470.4
1967	2681	1127	9477						82	6133	18272	2881.5	269.0
1968	2559	1048	9500						67	5403	18405	2638.3	221.7
1969	2579	1101	10173						32	5390	17661	2846.8	194.9
1970	2663	1144	10154						37	5501	16866	2874.0	229.7
1971	2727	1191	10486						38	6294	17038	2837.7	343.8
1972	2674	1071	10356						62	5576	17516	3200.0	443.1
1973	2690	1329	10447			1322	134		52	6629	17902	2824.2	671.5
1974	2778	1349	11416			3702	80		31	6110	18170	2886.0	812.3
1975	2840	1196	10738			7681	520		24	6949	19180	3193.9	869.3
1976	2882	1336	11855			6858	663		29	8563	19981	3432.3	1215.0
1977	2917	1326	12817				609		26	8369	20886	3661.5	1118.5

注　1. 表中 1949—1965 年经费统计为事业费和基建费之和。

　　2. 1958—1964 年实验站数的统计中均包括了部分径流站。

　　3. 1960 年水文站数为年报统计数，偏大。经查核，水文年鉴刊布有流量资料的为 3365 站，年报数仅供参考。

　　4. 1957—1965 年水文站网数中包括水利（电）勘测部门的站。

　　5. 1959—1965 年水文职工数中包括水利（电）勘测部门的水文工作人员。

　　6. 水文站数据含外部门管理的处数。

Notes　1. No separate statistical data of operating expenses and cost of construction are given for the data during 1949–1965.

　　2. The statistics of experiment stations during 1958–1964 includes only some runoff stations.

　　3. The number of hydrological stations in 1960 is estimated based on the Annual Report. After recheck, the stations with runoff data in the Hydrology Year book are 3,365 and the data of Annual Report is for reference only.

　　4. Observation stations during 1957–1965 include stations under water (power) reconnaissance and design institutions.

　　5. Employees of hydrological stations during 1959–1965 include hydrological engineers and workers in water (power) reconnaissance and design institutions.

　　6. Hydrological stations include those under the management of others despite of water department.

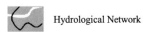
8-1　续表 continued

年份 Year	水文站网/处 Hydrological Network/unit								报汛站/处 Hydrometric Station /unit	职工人数/人 Number of Employee /person	经费/万元 Expenses/10⁴ yuan	
	水文站 Hydrological Station	水位站 Gauging Station	雨量站 Precipitation Station	蒸发站 Evaporation Station	墒情站 Soil Moisture Station	地下水监测站 Groundwater Monitoring Station	水质站 Water Quality Station	实验站 Experiment Station			事业费 Operating Expenses	基建费 Cost of Construction
1978	2922	1320	13309			11326	758	33	9010	21571	4293.7	1413.4
1979	3034	1202	14424			12992	681	45	8265	22856	7432.3	1889.1
1980	3294	1320	15732			16112	747	53	8731	24374	7562.1	1701.7
1981	3341	1317	15969			13343	848	57	8646	26240	7805.1	1085.2
1982	3401	1373	16437				1209	60	8369	27076	8182.9	1374.2
1983	3418	1413	16545			12487	1024	60	8401	27744	8621.0	1677.7
1984	3396	1425	16734			12134	977	63	8418	28316	9942.0	1669.0
1985	3384	1420	16406			12188	1011	63	8381	28426	10910.9	1959.9
1986	3400	1380	16697			11893	1648	58	8583	28549	12581.9	2405.7
1987	3397	1316	16448			11880	1946	56	8539	28793	12863.8	2447.5
1988	3450	1263	16273			13948	1846	64	8843	28516	14201.0	2715.3
1989	3269	1258	15605					58	8617	28257	15583.4	2645.6
1990	3265	1178	15602				2052	61	8604	28065	17233.2	4189.7
1991	3238	1201	15356			13523	2113	60	8482	28211	21285.0	5378.4
1992	3172	1149	15368			11400	2327	56	8525	28202	22725.8	6476.0
1993	3099	1156	15505					48	7485	27439	23981.0	6469.3
1994	3090	1148	14202			11807	1944	66	7423	27278	34160.9	7729.7
1995	3039	1158	14613			11518	1839	69	7165	26404	35347.0	11312.0
1996	3006	1107	14158			11179	2401	61	6987	26555	36321.0	12744.7
1997	3040	1093	14191			10874	2572	128	7296	26118	40386.3	14049.7
1998	3683	1084	13910			11509	2694	129	7484	25929	64311.5	15372.1
1999	3657	1079	13855			11528	2753	125	7584	25238	63628.5	15115.7
2000	3124	1093	14242			11768	2861	81	7559	25146	78514.3	24346.4
2001	3146	1084	14337			11786	3025	75	7716	25180	90125.6	30209.0
2002	3130	1073	14454			11620	3228	74	7893	25436	114414.0	31307.0
2003	3158	1135	14196			12116	3695	80	7648	25640	139392.0	26230.0
2004	3182	1134	14108			11757	3946	70	7595	25906	133830.0	31515.0
2005	3191	1160	14373			12313	4557	69	7815	26133	152446.0	22673.0
2006	3183	1180	13866	13		12598	5140	78	8220	26654	170812.0	45421.0
2007	3162	1221	14211	17		12551	5468	90	8561	26237	199286.0	43031.0
2008	3171	1244	14602	17		12683	5668	51	9678	26480	237430.0	56371.0
2009	3183	1407	15750	11	780	12522	6097	49	10294	26438	283268.0	59182.0
2010	3193	1467	17245	12	1182	12991	6535	57	12786	26366	295179.0	75445.0
2011	3219	1523	19082	19	1648	13489	7750	53	12444	26270	366162.0	338178.0
2012	3592	5317	35637	11	1808	13726	10030	58	16469	26211	394928.0	381950.0
2013	4011	9330	43028	14	1912	16407	11795	57	24518	26236	455736.0	404537.0
2014	4882	9890	46980	21	1927	16990	12869	58	43539	25856	534921.0	243395.0
2015	5706	11180	49403	14	1856	16800	14560	56	45863	25827	564076.0	257923.0
2016	6766	12591	51084	14	1989	16967	14499	52	51596	25570	607308.0	145483.0
2017	7102	13579	54477	19	2751	19147	16123	47	59104	25647	701768.0	88868.0
2018	7253	13625	55413	19	3908	26550	14286	43	66439	25622	765582.0	100460.0
2019	7645	15294	53908	12	3961	26020	12712	56	66956	25462	840839.0	129179.0
2020	7757	16068	53392	8	4218	27448	10962	61	71177	25416	819318.0	140744.0
2021	7891	17485	53239	9	4487	26699	9621	60	70261	25516	814201.0	214807.0
2022	8063	18761	53413	9	5102	26586	9737	60	77837	25184	935361.0	234717.0

8-2 2022 年水文站网（按地区分）

Hydrological Network in 2022 (by Region)

单位：处   unit: unit

| 地区 Region | | 合计 Total | 国家基本水文站 National Basic Hydrological Station — 水文部门管理国家基本水文站 Basic Hydrological Station Managed by Hydrological Department | | | | | | | | | | | | 非水文部门管理的国家基本水文站 National Basic Hydrological Station Managed by Non-hydrological Departments |
			合计 Total	河道 River Course	水库 Reservoir	湖泊 Lake	感潮 Lake Flow	渠道 Canal	驻测站 Staff Gauge Station	巡测站 Mobile Gauging Station without Permanent Staff	巡驻结合 Stationary and Mobile Gauging	其中:间测站 Among Which: Gauging Station for Interval Measurement	其中:委托观测站 Among Which: Contracted Observation Station	其中:自动监测站 Among Which: Automatic Monitoring Station	
合 计	Total	3312	3243	2716	221	32	109	165	1602	772	869	122	175	890	69
北 京	Beijing	61	61	43	18				46	15			43	61	
天 津	Tianjin	29	23	21			2		18	5					6
河 北	Hebei	136	135	113	20	2					135				1
山 西	Shanxi	68	67	57	10				67					67	1
内蒙古	Inner Mongolia	148	143	142	1				137		6			1	5
辽 宁	Liaoning	123	102	101	1						102		2	14	21
吉 林	Jilin	108	108	102	6						108				
黑龙江	Heilongjiang	120	120	110	10				37	53	30	3	40		
上 海	Shanghai	12	12				12		12					9	
江 苏	Jiangsu	159	159	50	6	1	54	48	147	6	6	30	10	23	
浙 江	Zhejiang	95	90	83	3		4		80	6	4		26	31	5
安 徽	Anhui	112	105	55	10	1	2	37	59	4	42	5		30	7
福 建	Fujian	57	55	54	1				55					54	2
江 西	Jiangxi	119	119	119					34	70	15			100	
山 东	Shandong	157	157	92	38			27	101	33	23	12	4	11	
河 南	Henan	126	126	87	25			14	88		38			17	
湖 北	Hubei	93	93	62	11			20	58	35		3	5	5	
湖 南	Hunan	113	113	112	1				86	27				19	
广 东	Guangdong	86	80	72	5		3		34	31	15	1	13	30	6
广 西	Guangxi	149	149	146	2		1		56	93		26		109	
海 南	Hainan	13	13	11	2				13						
重 庆	Chongqing	40	40	40						9	31			9	
四 川	Sichuan	148	148	148					17	110	21	20			
贵 州	Guizhou	105	105	105					8	42	55			48	
云 南	Yunnan	184	184	169	4	11			50	34	100	1	1	42	
西 藏	Xizang	47	47	47					21	25	1		23	6	
陕 西	Shaanxi	81	81	81					81					19	
甘 肃	Gansu	95	95	83	12				70	8	17	7	10	4	
青 海	Qinghai	35	35	35					33	2				6	
宁 夏	Ningxia	39	29	20				9	3		26			29	10
新 疆	Xinjiang	130	130	120	6			4	103	15	12			12	
新疆生产建设兵团	Xinjiang Production and Construction Corps	18	18	12	6				18						
长江委	Yangtze River Water Resources Commission	121	121	74	20	17	9	1	29	67	25	12		32	
黄 委	Yellow River Water Resources Commission	121	118	118					46	23	49			73	3
淮 委	Huaihe River Water Resources Commission	1	1	1					1						
海 委	Haihe River Water Resources Commission	16	16	9	3			4	13	3					
珠江委	Pearl River Water Resources Commission	28	28	7			21		8		20			21	
松辽委	Songliao River Water Resources Commission	11	9	9						1	8				2
太湖局	Taihu Basin Authority	8	8	6			1	1	3	5				8	

8-2 续表 continued

地区 Region	基本水位站 Basic Hydrological Station									基本雨量站 Basic Rain Gauging Station					
	合计 Total	测量水体 Installed Position					监测方式 Monitoring Method		其中:委托观测站 Among Which: Contracted Observation Station	合计 Total	其中 Among		监测方式 Monitoring Method		其中:委托观测站 Among Which: Contracted Observation Station
		河道 River Course	水库 Reservoir	湖泊 Lake	感潮 Lake Flow	渠道 Canal	人工观测 Manual Observation	自动监测 Automatic Monitoring			常年 Perennial	汛期 Flood Season	人工观测 Manual Observation	自动监测 Automatic Monitoring	
合 计 Total	1114	714	79	96	184	41	34	1080	476	14823	13322	1501	5	14818	7806
北 京 Beijing										121	121			121	114
天 津 Tianjin	2	2						2	2	29	11	18		29	29
河 北 Hebei	15	4	4	7			12	3	15	1085	702	383		1085	1085
山 西 Shanxi										739	669	70		739	739
内蒙古 Inner Mongolia	10	3	1	6				10		490	441	49		490	256
辽 宁 Liaoning	9	6			3			9		435	300	135		435	
吉 林 Jilin	11	11						11		283	197	86		283	282
黑龙江 Heilongjiang	41	37	2	2			1	40		498	450	48		498	454
上 海 Shanghai	41				41			41	13	11	11			11	2
江 苏 Jiangsu	140	97	5	12	11	15	3	137	96	236	236			236	194
浙 江 Zhejiang	138	100		2	34	2		138	59	486	486			486	245
安 徽 Anhui	61	27	1	15	2	16		61	51	626	626			626	
福 建 Fujian	43	32			11			43		411	411			411	411
江 西 Jiangxi	46	39		7				46		841	841			841	
山 东 Shandong	9	1		5	3			9	9	671	352	319		671	671
河 南 Henan	32	25	3			4		32	13	751	483	268		751	
湖 北 Hubei	42	11	18	11		2		42	11	543	543			543	
湖 南 Hunan	12	12					1	11		451	451			451	
广 东 Guangdong	94	39	1		54			94	35	735	735			735	735
广 西 Guangxi	15	12			3			15		608	608			608	
海 南 Hainan	8	5			3			8	1	203	203			203	203
重 庆 Chongqing	126	126						126	126	830	830			830	830
四 川 Sichuan	29	28		1			1	28		571	571			571	
贵 州 Guizhou	4	4						4		561	561			561	
云 南 Yunnan	12	2	1	9				12		889	889			889	
西 藏 Xizang	4	3		1				4							
陕 西 Shaanxi	2	2						2		555	555			555	555
甘 肃 Gansu										236	236			236	236
青 海 Qinghai	1			1			1			86	78	8		86	86
宁 夏 Ningxia	11	11						11		158	129	29		158	
新 疆 Xinjiang	1			1				1		5	5		5		
新疆生产建设兵团 Xinjiang Production and Construction Corps															
长江委 Yangtze River Water Resources Commission	96	34	40	14	8			96	36	29	29			29	29
黄 委 Yellow River Water Resources Commission	45	40	3	2			13	32	9	650	562	88		650	650
淮 委 Huaihe River Water Resources Commission															
海 委 Haihe River Water Resources Commission	3	1				2	2	1							
珠江委 Pearl River Water Resources Commission	11				11			11							
松辽委 Songliao River Water Resources Commission															
太湖局 Taihu Basin Authority															

8-2 续表 continued

地区 / Region	蒸发站 Evaporation Station			地下水站 Groundwater Station								
		监测方式 Monitoring Method			设站目的 Station Required Purpose		监测层位 Monitoring Horizon		监测方式 Monitoring Method		其中: Among which:	
	合计 Total	人工观测 Manual Observation	自动监测 Automatic Monitoring	合计 Total	基本站 Basic Station	统测站 Measuring Station	浅层 Shallow Layer	深层 Deep Layer	人工观测 Manual Observation	自动监测 Automatic Monitoring	水质人工监测 Mannual Monitoring of Water Quality	水质自动监测 Automatic Monitoring of Water Quality
合计 **Total**	9	5	4	26586	25080	1506	22031	4555	9058	17528	11312	82
北京 Beijing				1315	1315		1025	290	350	965	787	13
天津 Tianjin				880	880		136	744	110	770	360	5
河北 Hebei				2856	2856		1768	1088		2856	954	
山西 Shanxi				2975	1474	1501	2696	279	2000	975	574	4
内蒙古 Inner Mongolia				2459	2454	5	2350	109	506	1953	490	
辽宁 Liaoning				1046	1046		1025	21	419	627	639	7
吉林 Jilin				1795	1795		1795		1285	510	821	4
黑龙江 Heilongjiang				3138	3138		2212	926	823	2315	820	3
上海 Shanghai				54	54		10	44		54	49	
江苏 Jiangsu				650	650		650			650	382	
浙江 Zhejiang				166	166		121	45		166	156	
安徽 Anhui	1		1	617	617		465	152	166	451	386	4
福建 Fujian	1		1	55	55		55			55	54	1
江西 Jiangxi	1		1	128	128		105	23		128	127	1
山东 Shandong				2281	2281		2016	265	1167	1114	926	8
河南 Henan				2525	2525		2314	211	1704	821	792	4
湖北 Hubei				215	215		215			215	195	1
湖南 Hunan				101	101		39	62	7	94	89	2
广东 Guangdong	1		1	103	103		40	63		103	96	
广西 Guangxi				124	124		124			124	122	2
海南 Hainan				75	75		19	56		75	73	2
重庆 Chongqing				80	80		61	19		80	79	1
四川 Sichuan				163	163		163		33	130	130	
贵州 Guizhou				60	60		60			60	60	1
云南 Yunnan	2	1	1	181	181		122	59		181	172	1
西藏 Xizang				60	60		56	4		60	59	1
陕西① Shaanxi				1037	1037		950	87	360	677	679	5
甘肃 Gansu				455	455		455		125	330	435	4
青海 Qinghai				140	140		140			140	140	4
宁夏 Ningxia				349	349		349			349	163	3
新疆 Xinjiang				430	430		426	4		430	430	
新疆生产建设兵团 Xinjiang Production and Construction Corps				73	73		69	4	3	70	73	1
长江委 Yangtze River Water Resources Commission	2		2									
黄委 Yellow River Water Resources Commission	1		1									
淮委 Huaihe River Water Resources Commission												
海委 Haihe River Water Resources Commission												
珠江委 Pearl River Water Resources Commission												
松辽委 Songliao River Water Resources Commission												
太湖局 Taihu Basin Authority												

① 陕西地下水站为陕西省地下水保护与监测中心监测站点。

① The groundwater monitoring stations of Shaanxi are managed by Groundwater Management and Monitoring Bureau of Shaanxi Province.

8-2 续表 continued

地区	Region	合计 Total	水质站（地表水）Water Quality Station		
			监测方式 Monitoring Method		
			人工监测 Manual Observation		自动监测 Automatic Monitoring
合　计	Total	9737	9252		485
北　京	Beijing	304	288		16
天　津	Tianjin	61	58		3
河　北	Hebei	142	135		7
山　西	Shanxi	133	131		2
内蒙古	Inner Mongolia	209	209		
辽　宁	Liaoning	255	242		13
吉　林	Jilin	142	142		
黑龙江	Heilongjiang	277	260		17
上　海	Shanghai	430	410		20
江　苏	Jiangsu	1913	1878		35
浙　江	Zhejiang	294	294		
安　徽	Anhui	497	386		111
福　建	Fujian	157	156		1
江　西	Jiangxi	356	341		15
山　东	Shandong	89	89		
河　南	Henan	277	277		
湖　北	Hubei	294	266		28
湖　南	Hunan	228	192		36
广　东	Guangdong	626	517		109
广　西	Guangxi	224	224		
海　南	Hainan	52	52		
重　庆	Chongqing	255	243		12
四　川	Sichuan	359	359		
贵　州	Guizhou	99	82		17
云　南	Yunnan	470	461		9
西　藏	Xizang	85	85		
陕　西	Shaanxi	162	159		3
甘　肃	Gansu	191	185		6
青　海	Qinghai	71	71		
宁　夏	Ningxia				
新　疆	Xinjiang	136	136		
新疆生产 建设兵团	Xinjiang Production and Construction Corps	5			5
长江委	Yangtze River Water Resources Commission	342	331		11
黄　委	Yellow River Water Resources Commission	85	85		
淮　委	Huaihe River Water Resources Commission	157	157		
海　委	Haihe River Water Resources Commission	83	82		1
珠江委	Pearl River Water Resources Commission	63	63		
松辽委	Songliao River Water Resources Commission	81	80		1
太湖局	Taihu Basin Authority	133	126		7

8-2　续表 continued

地区 Region	墒情站 Soil Moisture Station					实验站 Experiment Station							其中：兼水文站 Among Which: Dual-purpose Hydrological Station
	合计 Total	监测方式 Monitoring Method				合计 Total	实验项目 Experiment Project						
		人工观测 Manual Obser-vation	自动监测 Automatic Monitoring				径流 Runoff	蒸发 Evapo-ration	测验方法 Test Method	水库 Rese-rvoir	地下水 Ground-water	其他 Others	
			合计 Sub-total	其中：固定 #Fixed	其中：移动 #Mobile								
合　计 Total	**5102**	**599**	**4503**	**2444**	**2059**	**60**	**19**	**13**	**2**	**2**	**6**	**18**	**22**
北　京 Beijing	38		38	38									
天　津 Tianjin													
河　北 Hebei	188	188				2	1	1					1
山　西 Shanxi	97		97	97		2					2		
内蒙古 Inner Mongolia	355		355	355									
辽　宁 Liaoning	96	41	55	55		3	1	1				1	1
吉　林 Jilin	305	43	262	262		2	2						
黑龙江 Heilongjiang						4	3	1					3
上　海 Shanghai													
江　苏 Jiangsu	41	6	35	35									
浙　江 Zhejiang	18		18	18		1	1						1
安　徽 Anhui	219	90	129	129		5	4	1					4
福　建 Fujian	16		16	16		2		1	1				1
江　西 Jiangxi	503		503	106	397	2		2					
山　东 Shandong	155	155											
河　南 Henan	636		636	106	530								
湖　北 Hubei	63		63	63									
湖　南 Hunan	202		202	186	16								
广　东 Guangdong	1	1				1		1					
广　西 Guangxi	28	15	13	13		1						1	1
海　南 Hainan													
重　庆 Chongqing	72	5	67	67									
四　川 Sichuan	109	11	98		98	1						1	1
贵　州 Guizhou	492		492	189	303	1		1					1
云　南 Yunnan	688	8	680	400	280	3					1	2	1
西　藏 Xizang	6		6	6		3	2	1					2
陕　西 Shaanxi	16	16											
甘　肃 Gansu						1					1		
青　海 Qinghai													
宁　夏 Ningxia	57	19	38	38									
新　疆 Xinjiang	522		522	87	435	1	1						1
新疆生产建设兵团 Xinjiang Production and Construction Corps	178		178	178									
长江委 Yangtze River Water Resources Commission	1	1				5	1	2			2		4
黄　委 Yellow River Water Resources Commission						6	2	1		2		1	
淮　委 Huaihe River Water Resources Commission													
海　委 Haihe River Water Resources Commission													
珠江委 Pearl River Water Resources Commission						12						12	
松辽委 Songliao River Water Resources Commission													
太湖局 Taihu Basin Authority						2	1		1				

8-2 续表 continued

地区	Region	专用站 Special Station								
		专用水文站 Special Purpose Hydrological Stationl					专用水位站 Special Purpose Gauging Stationl			
		合计 Total	水文部门建设 Built by Hydrological Department		非水文部门建设 Built by Non-hydrological Department	其中:自动监测 #Automatic Monitoring	合计 Total	水文部门建设 Built by Hydrological Department		非水文部门建设 Built by Non-hydrological Department	其中:自动监测 #Automatic Monitoring
			合计 Sub-total	其中:中小河流项目新建 #Newly-built on Medium or Small River				合计 Sub-total	其中:中小河流项目新建 #Newly-built on Medium or Small River		
合　计	Total	4751	4484	3361	267	2021	17647	9086	3336	8561	17518
北　京	Beijing	59	59	41		59					
天　津	Tianjin	37	36	36	1						
河　北	Hebei	91	91	88		88	553	145	145	408	553
山　西	Shanxi	48	45	41	3	48	47	47	47		47
内蒙古	Inner Mongolia	138	138	110		128	12	12	12		12
辽　宁	Liaoning	96	96	96		49	49	49	49		49
吉　林	Jilin	79	79	79		1	87	87	87		87
黑龙江	Heilongjiang	155	155	146		4	118	118	89		95
上　海	Shanghai	25	25	3		25	268	266	15	2	268
江　苏	Jiangsu	140	140	60		32	155	155	146		155
浙　江	Zhejiang	363	246	38	117	363	7413	4507	14	2906	7413
安　徽	Anhui	310	268	83	42	187	122	118	107	4	122
福　建	Fujian	83	83	83		25	2452	123	123	2329	2452
江　西	Jiangxi	124	124	121		72	1031	289	162	742	1031
山　东	Shandong	330	330	330		3	193	193	193		193
河　南	Henan	239	239	239			125	125	125		125
湖　北	Hubei	201	198	189	3	127	281	248	241	33	281
湖　南	Hunan	144	141	127	3	144	1155	183	111	972	1155
广　东	Guangdong	174	174	158		168	430	430	101		430
广　西	Guangxi	265	265	252		116	241	241	204		241
海　南	Hainan	32	32	32		32	21	21	21		21
重　庆	Chongqing	194	194	167		15	795	372	264	423	795
四　川	Sichuan	204	204	201			246	246	245		246
贵　州	Guizhou	254	215	170	39	57	460	161	160	299	460
云　南	Yunnan	215	164	121	51	9	126	112	110	14	126
西　藏	Xizang	87	87	55		87	65	65	59		65
陕　西	Shaanxi	73	72	72	1	72	101	96	96	5	101
甘　肃	Gansu	39	39	39			158	158	158		158
青　海	Qinghai	21	21	13		5	26	26	26		26
宁　夏	Ningxia	194	194	29		6	133	133	84		133
新　疆	Xinjiang	100	93	79	7	38	59	59	59		59
新疆生产建设兵团	Xinjiang Production and Construction Corps	77	77	63			498	83	83	415	415
长江委	Yangtze River Water Resources Commission	23	23				159	159			159
黄　委	Yellow River Water Resources Commission	7	7			6	49	41		8	31
淮　委	Huaihe River Water Resources Commission	39	39								
海　委	Haihe River Water Resources Commission	17	17				5	4		1	
珠江委	Pearl River Water Resources Commission	19	19								
松辽委	Songliao River Water Resources Commission	11	11			11	12	12			12
太湖局	Taihu Basin Authority	44	44			44	2	2			2

8-2 续表 continued

地区 / Region	专用站 Special Station				
		专用雨量站 Special Purpose Precipitation Station			
	合计 Total	水文部门建设 Built by Hydrological Department		非水文部门建设 Built by Non-hydrological Department	其中：自动监测 #Automatic Monitoring
		合计 Sub-total	其中：中小河流项目新建 #Newly-built on Medium or Small River		
合 计 Total	38590	29572	25303	9018	38500
北 京 Beijing	124	124	54		124
天 津 Tianjin					
河 北 Hebei	1697	194	194	1503	1697
山 西 Shanxi	1158	1158	938		1158
内蒙古 Inner Mongolia	915	915	915		915
辽 宁 Liaoning	1176	1176	828		1176
吉 林 Jilin	1648	1648	1648		1648
黑龙江 Heilongjiang	1475	1475	1315		1475
上 海 Shanghai	139	139	47		139
江 苏 Jiangsu	45	45	45		45
浙 江 Zhejiang	1889	1032	153	857	1889
安 徽 Anhui	589	589	588		589
福 建 Fujian	1163	75		1088	1163
江 西 Jiangxi	2208	1234	628	974	2208
山 东 Shandong	1224	1224	1224		1224
河 南 Henan	3202	2158	2158	1044	3202
湖 北 Hubei	763	763	689		763
湖 南 Hunan	1412	875	369	537	1412
广 东 Guangdong	552	552	307		552
广 西 Guangxi	2895	2124	1795	771	2895
海 南 Hainan	9	9	9		9
重 庆 Chongqing	3725	3305	3305	420	3725
四 川 Sichuan	2578	2578	2578		2578
贵 州 Guizhou	2376	937	558	1439	2376
云 南 Yunnan	1787	1746	1680	41	1787
西 藏 Xizang	615	615	599		615
陕 西 Shaanxi	1304	1293	1293	11	1304
甘 肃 Gansu	159	159	147		159
青 海 Qinghai	301	301	301		301
宁 夏 Ningxia	762	762	714		762
新 疆 Xinjiang	82	78	78	4	78
新疆生产建设兵团 Xinjiang Production and Construction Corps	390	86	86	304	304
长江委 Yangtze River Water Resources Commission					
黄 委 Yellow River Water Resources Commission	150	125	60	25	150
淮 委 Huaihe River Water Resources Commission					
海 委 Haihe River Water Resources Commission					
珠江委 Pearl River Water Resources Commission					
松辽委 Songliao River Water Resources Commission	78	78			78
太湖局 Taihu Basin Authority					

8-2 续表 continued

地区	Region	合计 Total	报汛抗旱站 Flood Warning Station								
			测站种类 Types of Station								
			水文站 Hydrological Station			水位站 Gauging Station	雨量站 Precipit- ation Station	墒情站 Soil Moisture Station	地下水站 Ground- water Station	水质站 Water Quality Station
			合计 Sub-total	其中：水库 #Reservoir	其中：渠道 #Canal					
合　计	**Total**	**77837**	**9006**	**3629**	**1576**	**9349**	**44579**	**2958**	**8390**	**3555**
北　京	Beijing	1150	86	27	26		74	38	952	
天　津	Tianjin	165	88	14	74		24	3		50
河　北	Hebei	5983	505	254	251	487	3810	188	954	39
山　西	Shanxi	402	61	9			187	97		57
内蒙古	Inner Mongolia	2801	132	93	22	2	125	83	2459	
辽　宁	Liaoning	3099	467	384	2	3	1289	129	1046	165
吉　林	Jilin	2521	187	6	1	98	1931	305		
黑龙江	Heilongjiang	3955	270	190	2	148	3392		145	
上　海	Shanghai	428	29			195	150		54	
江　苏	Jiangsu	2561	435	58	208	112	80	21		1913
浙　江	Zhejiang	1422	220	117	28	783	419			
安　徽	Anhui	5050	209	13	56	2387	1361	84	617	392
福　建	Fujian	640	210	144		55	375			
江　西	Jiangxi	4618	243			1077	3049	106	128	15
山　东	Shandong	3600	455	49	406	196	1991	155	803	
河　南	Henan	4809	245	147	98	19	3909	636		
湖　北	Hubei	2282	696	371	325	191	1089	63	215	28
湖　南	Hunan	1345	839	727		12	389	105		
广　东	Guangdong	854	67			432	292	9	30	24
广　西	Guangxi	4077	703	285	4	256	2742	28	124	224
海　南	Hainan	203	13	2		8	182			
重　庆	Chongqing	5794	234			921	4555	72		12
四　川	Sichuan	4708	700	312		439	3327	13	163	66
贵　州	Guizhou	3793	323			426	2595	449		
云　南	Yunnan	3043	321	4		117	2597	8		
西　藏	Xizang	682	18	11		2	599	3	60	
陕　西①	Shaanxi	2495	210	30	12	100	1764	41	218	162
甘　肃	Gansu	81	81	7						
青　海	Qinghai	140	34			1	105			
宁　夏	Ningxia	1712	174	42	19	151	920	57	349	61
新　疆	Xinjiang	436	348	274		1		87		
新疆生产 建设兵团	Xinjiang Production and Construction Corps	1239	95	48	12	498	390	178	73	5
长江委	Yangtze River Water Resources Commission	650	120	1	1	160	28			342
黄　委	Yellow River Water Resources Commission	955	143	5	21	51	761			
淮　委	Huaihe River Water Resources Commission	1	1							
海　委	Haihe River Water Resources Commission	25	17	3	4	8				
珠江委	Pearl River Water Resources Commission	3	3							
松辽委	Songliao River Water Resources Commission	112	22	2	4	12	78			
太湖局	Taihu Basin Authority	3	2			1				

① 陕西地下水站为陕西省地下水保护与监测中心监测站点。

① The groundwater monitoring stations of Shaanxi are managed by Groundwater Management and Monitoring Bureau of Shaanxi Province.

8-2 续表 continued

地区	Region	可发布预报测站 Forecasting Station	可发布预警测站 Warning Station	辅助站 Auxiliary Station	固定洪调点 Fixed- flood Regulation Station
合　计	**Total**	**2630**	**2233**	**672**	**1218**
北　京	Beijing	21	8		
天　津	Tianjin	5			
河　北	Hebei	245	40	75	
山　西	Shanxi	11			
内蒙古	Inner Mongolia	7	25		
辽　宁	Liaoning	59	10		
吉　林	Jilin	87	68		
黑龙江	Heilongjiang	101	17		
上　海	Shanghai	6	3		
江　苏	Jiangsu	43	66		
浙　江	Zhejiang	159	78		
安　徽	Anhui	176	96	88	
福　建	Fujian	46	33		
江　西	Jiangxi	129	113	8	
山　东	Shandong	77	3	181	
河　南	Henan	96		130	50
湖　北	Hubei	270	47		7
湖　南	Hunan	74	136	4	
广　东	Guangdong	123		21	
广　西	Guangxi	162	609	14	
海　南	Hainan	6	9		
重　庆	Chongqing	11	16		
四　川	Sichuan	65	577		
贵　州	Guizhou	57	20	6	
云　南	Yunnan	399			859
西　藏	Xizang	1	12		
陕　西	Shaanxi	35	100		
甘　肃	Gansu	4	3		220
青　海	Qinghai	4	34	14	29
宁　夏	Ningxia	16			46
新　疆	Xinjiang	62	68		7
新疆生产建设兵团	Xinjiang Production and Construction Corps				
长江委	Yangtze River Water Resources Commission	34	32		
黄　委	Yellow River Water Resources Commission	17	2	18	
淮　委	Huaihe River Water Resources Commission				
海　委	Haihe River Water Resources Commission	3			
珠江委	Pearl River Water Resources Commission			29	
松辽委	Songliao River Water Resources Commission	10	7		
太湖局	Taihu Basin Authority	9	1	84	

8-2　续表 continued

地区 Region	流量 Runoff	水位 Water Level	泥沙 Sediment	悬移质 Suspended Load	推移质 Traction Load	河床质 Bed Load	颗粒分析 Particle Size Analysis	降雨量 Precipitation	蒸发 Evaporation	比降 Gradient	冰情 Ice Condition	水温 Water Temperature
合　计 Total	9032	24672	1695	1584	13	147	454	69267	1702	1174	1204	1142
北　京 Beijing	120	120	17	17			11	245	27	14	33	26
天　津 Tianjin	82	125	20	20			8	51	7		50	10
河　北 Hebei	329	894	129	129			53	3465	46	65	123	75
山　西 Shanxi	157	209	60	60			26	1986	50	64	49	53
内蒙古 Inner Mongolia	278	247	78	78			2	1407	113	71	126	83
辽　宁 Liaoning	219	277	75	75			31	1863	40	76	66	45
吉　林 Jilin	221	289	47	47				2106	27	62	83	73
黑龙江 Heilongjiang	275	434	25	25			8	2134	71	36	152	127
上　海 Shanghai	50	369						389	13			9
江　苏 Jiangsu	358	661	21	21				673	37	1		7
浙　江 Zhejiang	458	7767	21	21				8780	120	10		33
安　徽 Anhui	672	711	43	43				1525	41	30		
福　建 Fujian	138	304	28	28				505	30	41		21
江　西 Jiangxi	251	1326	30	30			13	4322	71	20		26
山　东 Shandong	721	965	48	48			3	2614	49	19	99	7
河　南 Henan	402	546	42	42				4192	51	45	107	35
湖　北 Hubei	335	681	15	15			4	1923	42	21		20
湖　南 Hunan	257	1428	31	31				2931	47	56		25
广　东 Guangdong	254	778	24	24			5	2131	33	54		
广　西 Guangxi	414	670	39	39				4142	90	67		44
海　南 Hainan	45	29	5	5				212	6	9		5
重　庆 Chongqing	234	1155	155	155				5710	33			
四　川 Sichuan	352	627	56	56			13	3776	78	7		11
贵　州 Guizhou	317	483	21	21				1941	71			23
云　南 Yunnan	408	592	76	76				3547	126	63		57
西　藏 Xizang	133	202	12	12				670	37		24	39
陕　西 Shaanxi	154	257	68	68			30	2115	54	74	10	21
甘　肃 Gansu	151	347	61	61				479	75	33	38	23
青　海 Qinghai	70	90	30	30			1	461	36	33	32	14
宁　夏 Ningxia	233	326	26	26				941	21	9	1	1
新　疆 Xinjiang	272	302	68	68				237	84	71	84	95
新疆生产建设兵团 Xinjiang Production and Construction Corps	95	593	7	7				565	5	4	5	8
长江委 Yangtze River Water Resources Commission	144	399	68	68	13	24	57	172	17			44
黄　委 Yellow River Water Resources Commission	148	242	232	121		123	187	928	38	112	107	64
淮　委 Huaihe River Water Resources Commission	40	40						1	1			
海　委 Haihe River Water Resources Commission	40	41	6	6				17	6	3	7	9
珠江委 Pearl River Water Resources Commission	47	58	3	3				3	2			
松辽委 Songliao River Water Resources Commission	22	34	8	8			2	96	6	4	8	8
太湖局 Taihu Basin Authority	136	54						12	1			1

8-2 续表 continued

地区	Region	地下水 Ground-water	地下水水位 Ground-water Level	地下水水质 Ground-water Quality	地下水水量 Ground-water Quantity	地表水水质 Surface Water Quality	水生态 Water Ecology	墒情 Soil Moisture Condition	水文调查 Hydrological Survey	辅助气象 Auxiliary Meteorology
合 计	Total	26628	25280	11389	166	11082	872	6019	1793	586
北 京	Beijing	1315	952	800		304	166	38	20	15
天 津	Tianjin	880	766	365	114	61	8		17	11
河 北	Hebei	2856	2855	954	1	281	12	188	44	11
山 西	Shanxi	2975	2970	574	5	133	5	165	68	68
内蒙古	Inner Mongolia	2459	2459	490	1	209	14	447	92	31
辽 宁	Liaoning	1046	1046	639		255	2	96	92	1
吉 林	Jilin	1795	1795	821		142	1	305	24	10
黑龙江	Heilongjiang	3138	2315	823		277	2		314	118
上 海	Shanghai	93	93	83		470	6		2	26
江 苏	Jiangsu	650	650	382		1913		41		
浙 江	Zhejiang	168	168	156		294	6	48	25	
安 徽	Anhui	617	617	390		497	19	216	45	3
福 建	Fujian	55	55	55		157	1	16		1
江 西	Jiangxi	128	128	128		463	113	503	19	17
山 东	Shandong	2281	2281	926		89	5	155	147	
河 南	Henan	2525	2525	792	9	277	76	636	130	9
湖 北	Hubei	215	215	195		330	57	61	449	
湖 南	Hunan	101	94	91		316		691		
广 东	Guangdong	103	103	96		910	161	6	37	31
广 西	Guangxi	124	124	124	20	300	7	28		38
海 南	Hainan	75	75	75		52			8	2
重 庆	Chongqing	80	80	80		255		265		
四 川	Sichuan	163	136	130		359	3	109		
贵 州	Guizhou	60	60	60	11	181	9	492		
云 南	Yunnan	183	183	173		652	60	688	2	27
西 藏	Xizang	60	60	60		133		6	15	21
陕 西①	Shaanxi	1037	1037	679		162	18	41		
甘 肃	Gansu	455	455	439		191		20		22
青 海	Qinghai	140	140	140		71			30	1
宁 夏	Ningxia	345	345	166		61	3	57	46	
新 疆	Xinjiang	430	425	430	5	236	8	522	40	52
新疆生产建设兵团	Xinjiang Production and Construction Corps	73	70	73		5		178		15
长江委	Yangtze River Water Resources Commission	2	2			342	20	1		4
黄 委	Yellow River Water Resources Commission					127	42		124	38
淮 委	Huaihe River Water Resources Commission					157				
海 委	Haihe River Water Resources Commission	1	1			83			3	4
珠江委	Pearl River Water Resources Commission					57	6			
松辽委	Songliao River Water Resources Commission					101				6
太湖局	Taihu Basin Authority					179	42			4

① 陕西地下水观测项目为陕西省地下水保护与监测中心监测站点地下水观测项目。

① The groundwater measuring items of Shaanxi are managed by Groundwater Management and Monitoring Bureau of Shaanxi Province.

主要统计指标解释

水文测站　为经常收集水文数据而在河、渠、湖、库上或流域内设立的各种水文观测场所的总称。

国家基本水文测站　为公用目的，经统一规划设立，能获取基本水文要素值多年变化资料的水文测站。它应进行较长期的连续观测，资料长期存储。

水文站　设在河、渠、湖、库上以测定水位、流量为主的水文测站，根据需要还可监测降水、水面蒸发、泥沙、墒情、地下水、水质、气象要素等有关项目。

水位站　以观测水位为主，可兼测降水量等项目的水文测站。

雨量站（降水量站）　以观测降水量为主的水文测站。

蒸发站　观测水面蒸发量及相关项目的水文测站。

地下水站（井）　为观测地下水的量、质动态变化，在水文地质单元或地下水开采区等设置的水文测站或地下水监测井（孔）。

水质站（水质监测站）　为掌握水资源质量变化动态，收集和积累水体的物理、化学和生物等监测信息而进行采样和现场测定位置的总称。

墒情站　观测土壤含水量变化的水文测站。

水文实验站　在天然和人为特定实验条件下，由一个或一组水文观测试验项目站点组成的专门场所。

巡测站　水文专业人员以巡回流动的方式定期或不定期地对一个地区或流域内各观测站（点）的水文要素进行测验的水文测站。

Explanatory Notes of Main Statistical Indicators

Hydrological station　General term for hydrological observation locations built on rivers, canals, lakes, reservoirs or inside river basins for gathering hydrological data.

Basic station　Hydrological measurement stations that are built for public purpose and designed according to unified planning to gather multi-year variables of basic hydrological element value. This kind of station carries out long-term and continuous observation and stores data for future usage.

Hydrological station　Hydrological measurement stations that are built on rivers, canals, lakes or reservoirs and mainly for observation of water level and flow. When necessary, it can also be used to observe precipitation, water surface evaporation, sediment, moisture, groundwater, water quality, meteorological and other related data.

Stage gauging station　Hydrological measurement stations that are mainly used to observe water level, and can also be used to observe precipitation and other related data at the same time.

Rainfall station (Precipitation station)　Hydrological measurement stations that are used to observe precipitation.

Evaporation station　Hydrological measurement stations that are used to observe water surface evaporation and other relevant data.

Groundwater monitoring station (Well)　Hydrological measurement stations or groundwater monitoring well (hole) that are located in hydrogeological units or groundwater abstraction zone and used to observe the dynamic changes of water quantity and quality.

Water quality station (Water quality monitoring station)　General term for sampling and on-site measurement locations which are used to observe dynamic changes of water quality and gather and accumulate monitoring data related to physical, chemical and biological conditions of water bodies.

Moisture gauging station　Hydrological measurement stations that are used to observe the variation of soil moisture content.

Hydrological experimental station　It is a special place composed of one or a group of hydrological observation and test project stations under the natural and artificial specific experimental conditions.

Tour hydrological station　Hydrological measurement stations that are used for hydrological professionals to conduct regular or irregular tests on hydrological elements of measurement stations (points) in a region or within a river basin.

9 从业人员情况

Employees

简 要 说 明

从业人员情况统计资料主要包括水利部机关、直属单位、各省（自治区、直辖市）和计划单列市水利（水务）厅（局）的从业人员和技术工人情况等。

本部分资料分水利部机关和流域管理机构、水利部在京直属单位、其他京外直属单位和地方水利部门。

Brief Introduction

Statistical data of employment provides you with information on employees working for the water sector, including staff and workers employed by the Ministry of Water Resources and organizations under the ministry, water resources departments of provinces (autonomous regions or municipalities) as well as cities with separate plans.

The data of Ministry of Water Resources and river basin commissions under the Ministry, affiliate organizations of the Ministry in Beijing and affiliate organizations of the Ministry out of Beijing and local water resources departments is shown separately by group.

9-1　2022 年水利部从业人员

Employees of the Ministry of Water Resources in 2022

单　位 Institution		单位个数/个 Number of Organizations /unit	年末人数　Total staff at the End of the Year				
			单位从业人员/人 Employees /person	在岗职工/人 Full-time Staff /person	劳务派遣人员/人 Contracted Service Staff /person	外聘人员/人 Staff Employed from outside /person	其他从业人员/人 Other Employees /person
水利部	**Ministry of Water Resources (MWR)**	**683**	**60974**	**55996**	**3843**	**367**	**768**
水利部机关和流域管理机构	MWR and River Basin Commissions	609	48697	46320	1538	320	519
水利部在京直属单位	Affiliate Organizations of MWR in Beijing	63	9534	7499	1813	34	188
其他京外直属单位	Affiliate Organizations of MWR outside Beijing	11	2743	2177	492	13	61

9-1 续表 continued

单 位	Institution	平均人数　Average Number				
		单位从业人员/人 Employees /person	在岗职工/人 Full-time Staff /person	劳务派遣人员/人 Contracted Service Staff /person	外聘人员/人 Staff Employed from outside /person	其他从业人员/人 Other Employees /person
水利部	**Ministry of Water Resources (MWR)**	**61192**	**56331**	**3649**	**367**	**846**
水利部机关和流域管理机构	Ministry and River Basin Commissions	49116	46719	1472	316	608
水利部在京直属单位	Affiliate Organizations of MWR in Beijing	9313	7400	1704	34	176
其他京外直属单位	Affiliate Organizations of MWR outside Beijing	2765	2214	474	16	61

9-2 2022 年地方水利部门从业人员
Employees of Local Water Resources Departments in 2022

单 位	Institution	单位个数/个 Number of Organizations /unit	单位从业人员 年末人数/人 Employees at the end of the Year /person	在岗职工/人 Fully Employed Staff /person	劳务派遣人员/人 Service Dispatching Employees /person	外聘人员/人 Staff Employed from outside /person	其他从业人员/人 Other Employees /person
地方水利部门	**Local Water Resources Departments**	**33634**	**693959**	**666725**	**14679**	**5610**	**6945**
北京市水务局	Beijing Water Authority	278	9367	8741	574	8	44
天津市水务局	Tianjin Water Authority	119	13800	12555	1220	15	10
河北省水利厅	Hebei Provincial Water Resources Department	1368	31776	30730	171	57	818
山西省水利厅	Shanxi Provincial Water Resources Department	597	18266	18045	81	17	123
内蒙古自治区水利厅	Water Resources Department of Inner Mongolia Autonomous Region	540	17931	17387	100	394	50
辽宁省水利厅	Liaoning Provincial Water Resources Department	362	15105	14824	236		45
吉林省水利厅	Jilin Provincial Water Resources Department	733	15922	15863	38	14	7
黑龙江省水利厅	Heilongjiang Provincial Water Resources Department	686	15638	15556	2	71	9
上海市水务局	Shanghai Water Authority	165	4934	4696	238		
江苏省水利厅	Jiangsu Provincial Water Resources Department	2088	27685	27171	461	41	12
浙江省水利厅	Zhejiang Provincial Water Resources Department	4086	93957	87339	3632		2986
安徽省水利厅	Anhui Provincial Water Resources Department	1479	23055	22918	66	50	21
福建省水利厅	Fujian Provincial Water Resources Department	937	11356	10920	303	76	57
江西省水利厅	Jiangxi Provincial Water Resources Department	479	12606	12309	48	218	31
山东省水利厅	Shandong Provincial Water Resources Department	1444	34335	34137	123	75	
河南省水利厅	Henan Provincial Water Resources Department	1703	42872	42719	58	24	71
湖北省水利厅	Hubei Provincial Water Resources Department	2177	32712	31857	520	335	
湖南省水利厅	Hunan Provincial Water Resources Department	1694	37744	37066	317	138	223
广东省水利厅	Guangdong Provincial Water Resources Department	1345	32019	30512	326	454	727
广西壮族自治区水利厅	Water Resources Department of Guangxi Zhuang Autonomous Region	1226	20343	18787	674	429	453
海南省水务厅	Hainan Water Authority	171	3987	3761	176	47	3
重庆市水利局	Chongqing Water Resources Bureau	374	6131	5759	319	53	
四川省水利厅	Sichuan Provincial Water Resources Department	1466	27629	26374	579	406	270
贵州省水利厅	Guizhou Provincial Water Resources Department	1873	24075	21708	2009	323	35
云南省水利厅	Yunnan Provincial Water Resources Department	1671	18638	17924	369	200	145
西藏自治区水利厅	Water Resources Department of Xizang Autonomous Region	93	2352	1997	71	166	118
陕西省水利厅	Shaanxi Provincial Water Resources Department	1136	31947	31846	16	74	11
甘肃省水利厅	Gansu Provincial Water Resources Department	1785	28862	27867	661	135	199
青海省水利厅	Qinghai Provincial Water Resources Department	341	5004	4788	135	25	56
宁夏回族自治区水利厅	Water Resources Department of Ningxia Hui Autonomous Region	147	5806	5630	45	87	44
新疆维吾尔自治区水利厅	Water Resources Department of Xinjiang Uygur Autonomous Region	791	21042	18838	161	1666	377
大连市水务局	Dalian Water Authority	7	700	700			
宁波市水利局	Ningbo Water Resources Bureau	121	1690	1600	78	12	
厦门市水利局	Xiamen Water Resources Bureau	19	348	339	9		
青岛市水务管理局	Qingdao Water Management Bureau	53	1867	1867			
深圳市水务局	Shenzhen Water Authority	76	2384	1524	860		
新疆生产建设兵团水利局	Water Resources Department of The Xinjiang Production and Construction Corps	4	74	71	3		

9-2 续表 continued

单 位	Institution	平均人数 Average Number				
		单位从业人员/人 Employees /person	在岗职工/人 Full-time Staff /person	劳务派遣人员/人 Contracted Service Staff/person	外聘人员/人 Staff Employed from outside/person	其他从业人员/人 Other Employees /person
地方水利部门	Local Water Resources Departments	694882	665852	15618	5900	7512
北京市水务局	Beijing Water Authority	9546	8921	568	9	48
天津市水务局	Tianjin Water Authority	13974	12695	1251	17	11
河北省水利厅	Hebei Provincial Water Resources Department	31826	30830	169	57	771
山西省水利厅	Shanxi Provincial Water Resources Department	18313	18087	83	20	123
内蒙古自治区水利厅	Water Resources Department of Inner Mongolia Autonomous Region	17872	17316	104	401	51
辽宁省水利厅	Liaoning Provincial Water Resources Department	15145	14864	236		45
吉林省水利厅	Jilin Provincial Water Resources Department	15475	15416	38	14	7
黑龙江省水利厅	Heilongjiang Provincial Water Resources Department	15673	15590	2	71	10
上海市水务局	Shanghai Water Authority	4910	4665	245		
江苏省水利厅	Jiangsu Provincial Water Resources Department	27689	27137	464	76	13
浙江省水利厅	Zhejiang Provincial Water Resources Department	88893	80688	4705		3500
安徽省水利厅	Anhui Provincial Water Resources Department	23136	22999	66	50	21
福建省水利厅	Fujian Provincial Water Resources Department	10646	10229	278	82	57
江西省水利厅	Jiangxi Provincial Water Resources Department	12578	12278	47	222	31
山东省水利厅	Shandong Provincial Water Resources Department	34425	34172	176	75	2
河南省水利厅	Henan Provincial Water Resources Department	45854	45611	65	25	153
湖北省水利厅	Hubei Provincial Water Resources Department	33388	32550	497	342	
湖南省水利厅	Hunan Provincial Water Resources Department	38604	37935	262	138	269
广东省水利厅	Guangdong Provincial Water Resources Department	32832	31044	355	702	731
广西壮族自治区水利厅	Water Resources Department of Guangxi Zhuang Autonomous Region	20339	18808	666	473	392
海南省水务厅	Hainan Water Authority	4036	3831	156	47	2
重庆市水利局	Chongqing Water Resources Bureau	6126	5765	314	47	
四川省水利厅	Sichuan Provincial Water Resources Department	27733	26519	545	398	271
贵州省水利厅	Guizhou Provincial Water Resources Department	23228	21027	1867	299	35
云南省水利厅	Yunnan Provincial Water Resources Department	18597	17877	362	200	158
西藏自治区水利厅	Water Resources Department of Xizang Autonomous Region	2345	1997	70	160	118
陕西省水利厅	Shaanxi Provincial Water Resources Department	34048	33947	16	74	11
甘肃省水利厅	Gansu Provincial Water Resources Department	28794	27726	738	131	199
青海省水利厅	Qinghai Provincial Water Resources Department	5029	4809	124	25	71
宁夏回族自治区水利厅	Water Resources Department of Ningxia Hui Autonomous Region	5768	5600	45	81	42
新疆维吾尔自治区水利厅	Water Resources Department of Xinjiang Uygur Autonomous Region	21108	18927	162	1648	371
大连市水务局	Dalian Water Authority	704	704			
宁波市水利局	Ningbo Water Resources Bureau	1692	1598	78	16	
厦门市水利局	Xiamen Water Resources Bureau	352	343	9		
青岛市水务管理局	Qingdao Water Management Bureau	1750	1750			
深圳市水务局	Shenzhen Water Authority	2389	1537	853		
新疆生产建设兵团水利局	Water Resources Department of The Xinjiang Production and Construction Corps	68	65	3		

9-3 2022 年水利部职工职称情况

Employees with Technical Titles of the Ministry of Water Resources in 2022

单位：人   unit: person

单 位	Institution	合计 Total	高级 Senior	中级 Intermediate	初级 Elementary
水利部	**Ministry of Water Resources (MWR)**	**39469**	**15695**	**13813**	**9961**
水利部机关和流域管理机构	The Ministry and River Basin Commissions	31811	11465	11619	8727
水利部在京直属单位	Affiliate Organizations of the Ministry in Beijing	5694	3275	1611	808
其他京外直属单位	Affiliate Organizations of the Ministry out of Beijing	1964	955	583	426

9-4　2022 年地方水利部门职工职称情况

Employees with Technical Titles in Local Water Resources Departments in 2022

单位：人

unit: person

单　　位	Institution	合计 Total	高级 Senior	中级 Intermediate	初级 Elementary
地方水利部门	**Local Water Resources Departments**	**272518**	**59273**	**115940**	**97305**
北京市水务局	Beijing Water Authority	4048	985	1708	1355
天津市水务局	Tianjin Water Authority	6377	1924	2380	2073
河北省水利厅	Hebei Provincial Water Resources Department	11336	2583	4278	4475
山西省水利厅	Shanxi Provincial Water Resources Department	6701	761	3082	2858
内蒙古自治区水利厅	Water Resources Department of Inner Mongolia Autonomous Region	7390	2448	3000	1942
辽宁省水利厅	Liaoning Provincial Water Resources Department	5600	1394	2476	1730
吉林省水利厅	Jilin Provincial Water Resources Department	6570	1845	2307	2418
黑龙江省水利厅	Heilongjiang Provincial Water Resources Department	6999	2243	2831	1925
上海市水务局	Shanghai Water Authority	2396	331	904	1161
江苏省水利厅	Jiangsu Provincial Water Resources Department	13636	3089	5494	5053
浙江省水利厅	Zhejiang Provincial Water Resources Department	31977	5882	17397	8698
安徽省水利厅	Anhui Provincial Water Resources Department	10032	2089	3700	4243
福建省水利厅	Fujian Provincial Water Resources Department	5805	1370	2284	2151
江西省水利厅	Jiangxi Provincial Water Resources Department	4406	746	1874	1786
山东省水利厅	Shandong Provincial Water Resources Department	20121	4166	9245	6710
河南省水利厅	Henan Provincial Water Resources Department	11430	1750	5099	4581
湖北省水利厅	Hubei Provincial Water Resources Department	12028	1558	5377	5093
湖南省水利厅	Hunan Provincial Water Resources Department	11870	1492	5527	4851
广东省水利厅	Guangdong Provincial Water Resources Department	9548	1644	3305	4599
广西壮族自治区水利厅	Water Resources Department of Guangxi Zhuang Autonomous Region	8684	1462	3650	3572
海南省水务厅	Hainan Water Authority	669	79	162	428
重庆市水利局	Chongqing Water Resources Bureau	2781	709	1336	736
四川省水利厅	Sichuan Provincial Water Resources Department	12148	3105	4863	4180
贵州省水利厅	Guizhou Provincial Water Resources Department	9184	2110	3587	3487
云南省水利厅	Yunnan Provincial Water Resources Department	11023	3686	4409	2928
西藏自治区水利厅	Water Resources Department of Xizang Autonomous Region	1008	149	374	485
陕西省水利厅	Shaanxi Provincial Water Resources Department	9391	1740	3937	3714
甘肃省水利厅	Gansu Provincial Water Resources Department	11915	3266	4734	3915
青海省水利厅	Qinghai Provincial Water Resources Department	2863	593	1204	1066
宁夏回族自治区水利厅	Water Resources Department of Ningxia Hui Autonomous Region	2987	855	1123	1009
新疆维吾尔自治区水利厅	Water Resources Department of Xinjiang Uygur Autonomous Region	8842	2385	3137	3320
大连市水务局	Dalian Water Authority	217	64	90	63
宁波市水利局	Ningbo Water Resources Bureau	821	173	327	321
厦门市水利局	Xiamen Water Resources Bureau	84	19	37	28
青岛市水务管理局	Qingdao Water Management Bureau	811	244	363	204
深圳市水务局	Shenzhen Water Authority	799	329	333	137
新疆生产建设兵团水利局	Water Resources Department of The Xinjiang Production and Construction Corps	21	5	6	10

9-5 2022年水利部技术工人结构

Statistics of Skilled Workers of the Ministry of Water Resources in 2022

单 位	Institution	合计 /人 Total /person	无等级 /人 Non-graded Workers /person	初级工 /人 Elementary Workers /person	#获证人数/人 With Certificate /person	#当年获证/人 Getting Certificate in the Year/person
水利部	**Ministry of Water Resources (MWR)**	**15285**	**2405**	**1199**	**959**	**2**
水利部机关和流域管理机构	The Ministry and River Basin Commissions	13774	1709	922	890	2
水利部在京直属单位	Affiliate Organizations of the Ministry in Beijing	1399	671	269	66	
其他京外直属单位	Affiliate Organizations of the Ministry out of Beijing	112	25	8	3	

9-5 续表 continued

单 位	Institution	中级工/人 Intermediate Workers /person	#获证人数/人 With Certificate /person	#当年获证/人 Getting Certificate of the Year/person	高级工/人 Senior Workers /person	#获证人数/人 With Certificate /person	#当年获证/人 Getting Certificate of the Year/person
水利部	**Ministry of Water Resources (MWR)**	**2084**	**2030**	**7**	**5674**	**5630**	**25**
水利部机关和流域管理机构	The Ministry and River Basin Commissions	1938	1933	7	5460	5452	25
水利部在京直属单位	Affiliate Organizations of the Ministry in Beijing	143	94		160	124	
其他京外直属单位	Affiliate Organizations of the Ministry out of Beijing	3	3		54	54	

9-5 续表 continued

单 位	Institution	技师/人 Technician /person	#获证人数/人 With Certificate /person	#当年获证/人 Getting Certificate of the Year/person	高级技师/人 Senior Technician /person	#获证人数/人 With Certificate /person	#当年获证/人 Getting Certificate of the Year/person
水利部	**Ministry of Water Resources (MWR)**	**3151**	**3143**	**67**	**772**	**770**	**94**
水利部机关和流域管理机构	The Ministry and River Basin Commissions	3038	3033	64	707	706	87
水利部在京直属单位	Affiliate Organizations of the Ministry in Beijing	96	93	3	60	59	6
其他京外直属单位	Affiliate Organizations of the Ministry out of Beijing	17	17		5	5	1

9-6 2022 年地方水利部门技术工人结构

Statistics of Skilled Workers of Local Water Departments in 2022

单　位	Institution	合计 /人 Total /person	无等级 /人 Non-graded Workers /person	初级工 /人 Elementary Workers /person	#获证人数/人 With Certificate/person	#当年获证/人 Getting Certificate of the Year/person
地方水利部门	**Local Water Resources Departments**	**213733**	**39882**	**26545**	**22032**	**637**
北京市水务局	Beijing Water Authority	954	32	92	76	
天津市水务局	Tianjin Water Authority	4286	925	527	436	26
河北省水利厅	Hebei Provincial Water Resources Department	13907	787	2751	2274	11
山西省水利厅	Shanxi Provincial Water Resources Department	7873	1039	1702	1410	44
内蒙古自治区水利厅	Water Resources Department of Inner Mongolia Autonomous Region	6778	1872	549	202	2
辽宁省水利厅	Liaoning Provincial Water Resources Department	5437	1291	566	470	18
吉林省水利厅	Jilin Provincial Water Resources Department	6050	2187	1325	714	31
黑龙江省水利厅	Heilongjiang Provincial Water Resources Department	6341	2195	397	245	8
上海市水务局	Shanghai Water Authority	302	20	29	29	
江苏省水利厅	Jiangsu Provincial Water Resources Department	8228	228	986	929	68
浙江省水利厅	Zhejiang Provincial Water Resources Department	2936		1186	1186	68
安徽省水利厅	Anhui Provincial Water Resources Department	8814	796	871	698	6
福建省水利厅	Fujian Provincial Water Resources Department	2624	488	391	380	11
江西省水利厅	Jiangxi Provincial Water Resources Department	4589	472	629	570	22
山东省水利厅	Shandong Provincial Water Resources Department	6976	1885	977	893	16
河南省水利厅	Henan Provincial Water Resources Department	22578	839	2262	2094	81
湖北省水利厅	Hubei Provincial Water Resources Department	11412	858	1816	1816	11
湖南省水利厅	Hunan Provincial Water Resources Department	18697	2847	2267	1829	63
广东省水利厅	Guangdong Provincial Water Resources Department	13936	7221	1704	1570	13
广西壮族自治区水利厅	Water Resources Department of Guangxi Zhuang Autonomous Region	5937	1201	451	451	2
海南省水务厅	Hainan Water Authority	2282	1736	224	151	1
重庆市水利局	Chongqing Water Resources Bureau	617	77	18	13	
四川省水利厅	Sichuan Provincial Water Resources Department	6728	1567	436	327	3
贵州省水利厅	Guizhou Provincial Water Resources Department	5859	4005	267	151	2
云南省水利厅	Yunnan Provincial Water Resources Department	3703	178	119	119	1
西藏自治区水利厅	Water Resources Department of Xizang Autonomous Region	144	21	7	5	
陕西省水利厅	Shaanxi Provincial Water Resources Department	16097	1196	1926	1212	70
甘肃省水利厅	Gansu Provincial Water Resources Department	10215	2248	1085	959	37
青海省水利厅	Qinghai Provincial Water Resources Department	790	249	43	43	
宁夏回族自治区水利厅	Water Resources Department of Ningxia Hui Autonomous Region	1816	13	34	33	
新疆维吾尔自治区水利厅	Water Resources Department of Xinjiang Uygur Autonomous Region	5732	980	843	683	22
大连市水务局	Dalian Water Authority	258	70	11	11	
宁波市水利局	Ningbo Water Resources Bureau	165	40	6	6	
厦门市水利局	Xiamen Water Resources Bureau	57		3	3	
青岛市水务管理局	Qingdao Water Management Bureau	476	261	27	26	
深圳市水务局	Shenzhen Water Authority	139	58	18	18	
新疆生产建设兵团水利局	Water Resources Department of The Xinjiang Production and Construction Corps					

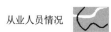

9-6 续表 continued

单 位	Institution	中级工/人 Intermediate Workers/person	#获证人数/人 With Certificate/person	#当年获证/人 Getting Certificate of the Year/person	高级工/人 Senior Workers/person	#获证人数/人 With Certificate/person	#当年获证/人 Getting Certificate of the Year/person
地方水利部门	**Local Water Resources Departments**	**40459**	**35986**	**1669**	**65610**	**60062**	**2006**
北京市水务局	Beijing Water Authority	354	315	12	442	395	33
天津市水务局	Tianjin Water Authority	690	614	11	1920	1685	50
河北省水利厅	Hebei Provincial Water Resources Department	3165	2911	66	5017	4699	82
山西省水利厅	Shanxi Provincial Water Resources Department	1651	1463	77	1355	1233	105
内蒙古自治区水利厅	Water Resources Department of Inner Mongolia Autonomous Region	478	450	6	998	956	8
辽宁省水利厅	Liaoning Provincial Water Resources Department	1024	798	73	2284	1756	157
吉林省水利厅	Jilin Provincial Water Resources Department	1011	877	41	845	761	31
黑龙江省水利厅	Heilongjiang Provincial Water Resources Department	621	534	40	1004	919	38
上海市水务局	Shanghai Water Authority	155	155		88	88	
江苏省水利厅	Jiangsu Provincial Water Resources Department	1420	1338	72	4549	4332	102
浙江省水利厅	Zhejiang Provincial Water Resources Department	626	626	464	655	655	
安徽省水利厅	Anhui Provincial Water Resources Department	2537	2323	42	4407	4169	66
福建省水利厅	Fujian Provincial Water Resources Department	504	493	11	974	933	5
江西省水利厅	Jiangxi Provincial Water Resources Department	1031	913	21	1773	1643	74
山东省水利厅	Shandong Provincial Water Resources Department	1458	1407	32	2257	2112	36
河南省水利厅	Henan Provincial Water Resources Department	3543	3299	94	7299	6848	322
湖北省水利厅	Hubei Provincial Water Resources Department	1799	1799	29	3042	3042	20
湖南省水利厅	Hunan Provincial Water Resources Department	4128	2836	119	4836	3629	202
广东省水利厅	Guangdong Provincial Water Resources Department	2513	2293	4	2470	2226	1
广西壮族自治区水利厅	Water Resources Department of Guangxi Zhuang Autonomous Region	1623	1623	3	2461	2461	5
海南省水务厅	Hainan Water Authority	217	211	19	94	90	11
重庆市水利局	Chongqing Water Resources Bureau	166	157	2	224	221	1
四川省水利厅	Sichuan Provincial Water Resources Department	1492	1273	26	2228	2037	38
贵州省水利厅	Guizhou Provincial Water Resources Department	507	429	27	828	727	22
云南省水利厅	Yunnan Provincial Water Resources Department	501	501	27	2109	2109	61
西藏自治区水利厅	Water Resources Department of Xizang Autonomous Region	36	34		50	42	1
陕西省水利厅	Shaanxi Provincial Water Resources Department	3553	2951	311	5924	5140	332
甘肃省水利厅	Gansu Provincial Water Resources Department	1927	1816	17	2512	2421	113
青海省水利厅	Qinghai Provincial Water Resources Department	93	93		261	261	
宁夏回族自治区水利厅	Water Resources Department of Ningxia Hui Autonomous Region	305	257	4	729	667	43
新疆维吾尔自治区水利厅	Water Resources Department of Xinjiang Uygur Autonomous Region	1197	1066	19	1638	1516	43
大连市水务局	Dalian Water Authority	49	48		91	89	
宁波市水利局	Ningbo Water Resources Bureau	13	13		46	45	
厦门市水利局	Xiamen Water Resources Bureau	8	8		39	39	
青岛市水务管理局	Qingdao Water Management Bureau	46	44		119	74	4
深圳市水务局	Shenzhen Water Authority	18	18		42	42	
新疆生产建设兵团水利局	Water Resources Department of The Xinjiang Production and Construction Corps						

9-6 续表 continued

单 位	Institution	技师 /人 Technician /person	#获证人数 /人 With Certificate /person	#当年获证/人 Getting Certificate of the Year/person	高级技师 /人 Senior Technician /person	#获证人数/人 With Certificate /person	#当年获证/人 Getting Certificate of the Year/person
地方水利部门	**Local Water Resources Departments**	**36594**	**33747**	**2455**	**4643**	**4345**	**278**
北京市水务局	Beijing Water Authority	34	26	2			
天津市水务局	Tianjin Water Authority	169	127		55	55	
河北省水利厅	Hebei Provincial Water Resources Department	2179	2099	72	8	8	
山西省水利厅	Shanxi Provincial Water Resources Department	2126	1913	118			
内蒙古自治区水利厅	Water Resources Department of Inner Mongolia Autonomous Region	927	853	20	1954	1848	10
辽宁省水利厅	Liaoning Provincial Water Resources Department	267	216	10	5		
吉林省水利厅	Jilin Provincial Water Resources Department	538	497	49	144	135	32
黑龙江省水利厅	Heilongjiang Provincial Water Resources Department	2080	1893	112	44	42	11
上海市水务局	Shanghai Water Authority	10	10				
江苏省水利厅	Jiangsu Provincial Water Resources Department	900	865	68	145	143	24
浙江省水利厅	Zhejiang Provincial Water Resources Department	450	450		19	19	
安徽省水利厅	Anhui Provincial Water Resources Department	201	189	14	2	2	
福建省水利厅	Fujian Provincial Water Resources Department	255	250	5	12	10	4
江西省水利厅	Jiangxi Provincial Water Resources Department	681	649	179	3	1	
山东省水利厅	Shandong Provincial Water Resources Department	348	321	105	51	51	
河南省水利厅	Henan Provincial Water Resources Department	8354	7694	526	281	235	20
湖北省水利厅	Hubei Provincial Water Resources Department	3369	3369	28	528	528	26
湖南省水利厅	Hunan Provincial Water Resources Department	3701	3382	251	918	817	133
广东省水利厅	Guangdong Provincial Water Resources Department	26	25		2	2	
广西壮族自治区水利厅	Water Resources Department of Guangxi Zhuang Autonomous Region	201	201	3			
海南省水务厅	Hainan Water Authority	11	9				
重庆市水利局	Chongqing Water Resources Bureau	128	124	2	4	3	1
四川省水利厅	Sichuan Provincial Water Resources Department	968	877	37	37	37	
贵州省水利厅	Guizhou Provincial Water Resources Department	244	214	48	8	7	1
云南省水利厅	Yunnan Provincial Water Resources Department	796	796	143			
西藏自治区水利厅	Water Resources Department of Xizang Autonomous Region	26	22	6	4	2	
陕西省水利厅	Shaanxi Provincial Water Resources Department	3497	2794	395	1	1	
甘肃省水利厅	Gansu Provincial Water Resources Department	2443	2307	205			
青海省水利厅	Qinghai Provincial Water Resources Department	139	139		5	5	
宁夏回族自治区水利厅	Water Resources Department of Ningxia Hui Autonomous Region	678	646	37	57	55	7
新疆维吾尔自治区水利厅	Water Resources Department of Xinjiang Uygur Autonomous Region	735	679	18	339	322	9
大连市水务局	Dalian Water Authority	37	36				
宁波市水利局	Ningbo Water Resources Bureau	60	59				
厦门市水利局	Xiamen Water Resources Bureau	7	7				
青岛市水务管理局	Qingdao Water Management Bureau	6	6	2	17	17	
深圳市水务局	Shenzhen Water Authority	3	3				
新疆生产建设兵团水利局	Water Resources Department of The Xinjiang Production and Construction Corps						

主要统计指标解释

从业人员 指在各级国家机关、政党、社会团体及企业、事业单位中工作，取得工资或其他形式的劳动报酬的全部人员，包括在岗职工、再就业的离退休人员、民办教师以及在各单位中工作的外方人员和港澳台方人员、兼职人员、借用的外单位人员和第二职业者。不包括离开本单位仍保留劳动关系的职工。

Explanatory Notes of Main Statistical Indicators

Employees It refers to staff working for governmental agencies, party and its administrative organizations, social groups, enterprises and public organizations at all levels, who have obtained paid salaries or other types of labor remuneration, including full-time employment, re-employed retirees, rural school teachers, hired staff and workers from HongKong, Macao, Taiwan areas and other countries, part-time staff and workers, borrowed staff and second-job staff and workers, but the staff and workers who has left the organization without ending their contracts are excluded.